普通高等教育艺术设计类新形态教材
宋立民　总主编

室内设计基础

FUNDAMENTALS OF INTERIOR DESIGN

张仲凤　常　霖　主　编
张　妙　杨　洋　副主编

中国轻工业出版社

图书在版编目（CIP）数据

室内设计基础 / 张仲凤，常霖主编；张妙，杨洋副主编. —北京：中国轻工业出版社，2024.9

ISBN 978-7-5184-4990-3

Ⅰ. ①室… Ⅱ. ①张… ②常… ③张… ④杨… Ⅲ. ①室内装饰设计 Ⅳ. ①TU238.2

中国国家版本馆CIP数据核字（2024）第110073号

责任编辑：李 争
文字编辑：王 玙　责任终审：李建华　设计制作：锋尚设计
策划编辑：王 淳　责任校对：朱 慧 朱燕春　责任监印：张 可

出版发行：中国轻工业出版社（北京鲁谷东街5号，邮编：100040）
印　　刷：天津裕同印刷有限公司
经　　销：各地新华书店
版　　次：2024年9月第1版第1次印刷
开　　本：870×1140 1/16 印张：9
字　　数：250千字
书　　号：ISBN 978-7-5184-4990-3 定价：62.00元
邮购电话：010-85119873
发行电话：010-85119832 010-85119912
网　　址：http://www.chlip.com.cn
Email：club@chlip.com.cn

231329J1X101ZBW

前言 PREFACE

习近平总书记在党的二十大报告中指出：我们不断厚植现代化的物质基础，不断夯实人民幸福生活的物质条件，同时大力发展社会主义先进文化，加强理想信念教育，传承中华文明，促进物的全面丰富和人的全面发展。

室内设计是一门不断更新的学科，设计师将人体工程学引入设计中，利用数字化、智能化、虚拟现实、3D 打印、全息投影等科技手段，尝试新的设计风格，使其不仅满足装饰需求，而且以人为本，注重人在生产、生活中的重要地位。

室内设计又称为室内环境设计，是与人的生活、工作、学习关系最密切的设计专业门类之一。室内设计包括众多不同的艺术风格与表现形式。广义的室内设计内容繁多，能充分反映社会物质、精神文明的发展状态，与空间创意构思、装饰材料、施工工艺、设施设备等知识紧密结合，同时还兼顾哲学思想、美学观点、经济状况、民俗民风等。狭义的室内设计内容单一，设计品质与设计者的专业素质紧密联系在一起，每个单项空间的设计品质与施工技术、选材质量、设施配置等密切相关。

学习室内设计，要从整体上把握好设计对象的三大依据因素。

1. 使用性质。要明确为何种使用功能而设计，要确定整体建筑与室内空间的主要用途。

2. 所在环境。要熟悉建筑环境和室内空间的内部结构状况。

3. 经济投入。要把握室内设计工程项目的投资额度和造价标准，根据经济状况来设计空间细节。

在设计构思阶段，需要运用多种物质、技术手段，熟悉各种装饰材料和施工工艺等，遵循建筑基本美学原理，将空间设计与绘画、雕塑等艺术领域联系起来。在施工阶段，要综合使用各种装饰材料，创新施工构造，引入先进的设备器具，根据国家标准来执行。

优秀的室内设计作品要能表达出空间的思想，有思想的设计才能提升空间品质。室内设计是装修施工的灵魂，高层次的设计思想能使空间功能更完善，具有极强的视觉审美效果，能让室内空间环境更舒适，使用起来更便利。现代室内设计要满足人们的生理、心理要求，需要综合处理人与环境之间的关系，解决使用功能、经济效益、设计形式三者之间的矛盾。在设计与实施过程中涉及材料、设备、定额法规、施工协调等诸多问题。因此，现代室内设计是一项综合性极强的系统工程。

学习室内设计基础，需要我们从周边生活入手，了解我们所处的室内空间环境，关注空间特征、色彩搭配、采光照明等细节。认真感受空间氛围，了解空间功能组合，注入人体工程学等技术知识，深入分析室内设计的表现手法，加上不断积累，能让我们快速掌握室内设计方法，进入室内设计的真实状态。

本书内容全面，主要包括室内设计概述、室内空间与界面设计、人体工程学、室内色彩设计、室内照明设计、室内陈设设计、室内设计制图与表现等内容，弱化传统理论知识，强化设计形式、设计方法等知识点，配合真实设计案例讲解现代室内设计方法。

本书在编写过程中清华大学美术学院环境艺术设计系宋立民教授给予了指导和建议，在此表示感谢。由于时间仓促，内容或有不足和疏漏，敬请广大读者及时批评指正。

张仲凤　常　霖

于中南林业科技大学

目录 CONTENTS

第1章　室内设计概述 ……001

1.1　室内设计含义和目的 ……001
1.2　室内设计特点与作用 ……003
1.3　室内设计方法 ……005
1.4　室内设计分类 ……007
1.5　室内设计发展 ……009
1.6　案例解析：影院室内设计 ……011
课后练习 ……014

第2章　室内空间与界面设计 ……015

2.1　室内空间概述 ……015
2.2　室内空间组织设计 ……020
2.3　室内空间界面设计 ……023
2.4　界面装饰材料 ……029
2.5　案例解析：比萨店改造设计 ……035
课后练习 ……037

第3章　人体工程学 ……038

3.1　人体工程学基础 ……038
3.2　人体数据计测方法 ……039
3.3　室内空间与尺寸设计 ……043
3.4　人的活动特征 ……048
3.5　人体工程学的影响 ……050
3.6　案例解析：人体工程学空间设计 ……052
课后练习 ……058

第4章　室内色彩设计 059

4.1　室内设计色彩概述 059
4.2　室内设计色彩功效 064
4.3　主题色彩设计 067
4.4　融合色彩设计 070
4.5　空间色彩设计 075
4.6　案例解析：酒吧色彩搭配设计 079
课后练习 081

第5章　室内照明设计 082

5.1　室内光环境 082
5.2　室内照明设计基础 087
5.3　室内照明计算方法 091
5.4　灯具选用与照明效果 093
5.5　案例解析：俱乐部照明设计 099
课后练习 100

第6章　室内陈设设计 101

6.1　陈设概念与作用 101
6.2　陈设品分类与布置 105
6.3　布艺陈设设计 110
6.4　绿化陈设设计 116
6.5　案例解析：办公空间绿化设计 119
课后练习 121

第7章　室内设计制图与表现 122

7.1　室内设计制图规范 122
7.2　室内设计制图内容 127
7.3　案例解析：公寓设计 135
课后练习 137

参考文献 138

第1章 室内设计概述

识读难度：★☆☆☆☆
重点概念：含义、目的、分类、发展

章节导读

室内设计是根据建筑的使用性质，运用技术手段和建筑美学，设计出舒适、合理、美观的空间环境，满足人们的物质生活和精神生活需要（图1-1）。本章主要讲解室内设计含义、目的、特点、作用、方法等。

图1-1　室内空间设计

图1-1：室内空间设计要能满足使用功能要求，追求视觉形式审美，节省资金投入，是一项综合性很强的设计学科。该室内空间十分简洁，楼梯能满足上下楼需求，符合现代简约风格审美，钢结构直线造型造价较低。

1.1　室内设计含义和目的

1.1.1　室内设计含义

室内是指建筑物的内部空间，室内设计是指对建筑物内部空间进行设计。室内设计除了要掌握设计内涵与特征外，还应结合地域特色、历史文脉、人文审美、技术装备、经济条件、生活习俗等因素综合分析。

1.1.2 室内设计目的

室内设计不同于雕塑、绘画等艺术形式，不能直接反映生活与社会现实，设计者只能运用特殊要素，如空间、造型、色彩、质感等，来表达出各种抽象的视觉效果，再将这些元素紧密结合在一起，营造出宏伟、庄严、活泼、典雅等的环境氛围（图1-2）。

室内设计是根据建筑物的使用性质、所处环境和建造标准，运用装饰材料和施工工艺创造出功能合理、舒适优美的环境。室内空间设计创意强调要尊重文化背景、民族特色、时代特征。

（a）餐饮空间

（b）住宅空间

图1-2 优秀的室内空间设计

图1-2（a）：室内设计是建筑设计不可分离的重要组成部分，室内设计是对建筑空间的深化设计，其中餐饮空间不仅包括餐桌椅等家具的搭配组合，还需要照明、软装陈设来点缀。

图1-2（b）：设计的目的是创造出更优质的环境，住宅空间选用软质简约家具产生亲和力，选用几何图案的地毯与家具形成呼应，成为室内设计的焦点。

— 补充要点 —

室内装修、装饰的区别与联系

1. 室内装修。指建筑主体结构完成之后，对建筑布局中存在的不合理结构进行改造施工，使使用功能更合理，强调材料与工艺等的重要性，装修是装饰的前提。

2. 室内装饰。指经过装修施工后，继续对室内空间进行更深入的修饰，主要包括对地面、墙面、顶棚等界面进行软装饰处理，强调家具、陈设、色彩、灯具的选用和配置，装饰是装修的后续。

1.2 室内设计特点与作用

1.2.1 室内设计特点

1. 与建筑相关联

室内设计是从建筑设计中衍生出来的一门独立学科，它存在于建筑物的围合中，与周围环境要素共同构成统一的整体，与环境要素既相互联系，又相互制约。

室内设计是建筑环境的重要组成部分，反映出建筑的功能和特征。在设计过程中，要统筹考虑地面、墙面、顶面、外部延伸构造，与建筑主体功能、形象密切关联（图1–3）。

2. 组合中有独立

室内空间是由建筑要素组成的，它在整体环境中相对独立，同时也具有完善的环境设施，具备相对独立的空间功能（图1–4）。

3. 生态环保

室内环境包括声环境、热环境、光环境和空气环境等，室内环境设计是影响人们日常生活的基本因素。随着生态环保观念不断强化，现代生活对室内环境的环保要求也在逐渐增强，要求在室内设计中运用环保材料，采取环保工艺，创造出良好的生态环境（图1–5）。

4. 视觉审美

室内设计通过形式美法则来整合施工成果。室内设计的形式美法则主要表现为设计风格，将美学原则注入设计作品中来，提取时尚与流行趋势，最终将审美与技术结合在一起（图1–6）。

— 补充要点 —

室内顶面设计形式

1. 平整式顶棚。外观构造简单，装饰便利，适用于办公室、展览厅等区域，通过顶面形状、质地、图案、灯具配置来提升空间形象。

2. 凹凸式顶棚。造型华美富丽，立体感强，适用于舞厅、餐厅、门厅等区域，表现出凹凸结构的主次关系和高差关系，但是不宜变化过多，能表现出自身节奏的韵律感与整体空间的艺术性。

3. 悬吊式顶棚。在屋顶承重结构下悬挂各种折板、平板或其他造型结构，能满足隔声、照明等方面要求，装饰效果为辅，常用于体育馆、电影院等场所，有特殊的机械美感。

4. 井格式顶棚。根据横梁结构，运用主次梁交错，搭配灯具和石膏装饰材料，具有较强的层次感与节奏感。

5. 玻璃顶棚。多为圆顶形、锥形和折线形，能解决大空间采光问题，满足室内绿化种植要求，使室内环境富于自然情趣，增加空间活力，大型公共建筑的门厅、中厅等常用这种形式。

（a）外部关联

（b）内部关联

图 1-3　室内设计与建筑的关联

图1-3（a）：室内空间与建筑、环境在造型和色彩上相互协调、统一，遵循整体性原则，门窗的开设位置与楼梯的朝向密切关联，直接影响交通流线与便利性。

图1-3（b）：室内空间的门窗开设方向与面积，应当结合建筑的朝向与日照来考虑，根据采光来布局室内家具陈设。

（a）创客中心

（b）住宅空间

图 1-4　室内空间的相对独立性

图1-4（a）：室内空间从属于整体建筑，每一处独立空间都必须考虑特定人群行为。创客中心是一种共享办公空间，既要满足大多数企业办公的行为需求，同时也要考虑这些企业对工作、生活的追求。

图1-4（b）：住宅空间中会根据使用功能划分出多个功能区，如餐厅、客厅是最常见的组合功能区，两个区域相对独立，又无任何阻隔，自由互通。

图 1-5　环保材料运用

图1-5：室内设计将各种先进材料灵活运用到施工中去，如塑木复合板融合了木质材料与塑料材料的性能优势，用于装饰墙板造型，具有现代时尚的审美特征，同时注入环保理念，让木屑废料能够回收利用。

图 1-6　极简主义风格审美

图1-6：室内设计除了满足功能需求外，还要能表现设计风格，营造艺术审美，极简主义风格从诸多传统风格中脱颖而出，形成独特的视觉审美效果。

1.2.2 室内设计作用

1. 提升审美效果

室内设计能强化建筑空间的意境和氛围，使不同类型的建筑空间更具情感特征与艺术感染力，并以此来满足不同人群在室内活动的需求，同时还要对空间造型、色彩基调、光线变化、尺寸设定等进行艺术化处理，营造良好的视觉空间。

2. 保护建筑主体构造

室内设计集合环境学、材料学、社会学、设计学等多门学科，能弥补建筑空间设计的不足，增强建筑空间的秩序感，提升辅助设施的使用效果，对建筑主体构造起到保护作用。

3. 协调建筑与人的关系

室内设计是以人为中心进行设计，能满足使用者对舒适、美观、安全、实用的需求，室内设计能提升室内空间环境与形象，将人与建筑紧密联系在一起。

1.3 室内设计方法

1.3.1 室内设计主体

人是室内设计的主体，也是室内设计作品的使用者和创造者，人的活动是围绕着动态和静态空间交替进行，即动态→静态→动态→静态……同时还在个人和多人活动之间交替进行，即个人活动→多人活动→个人活动→多人活动……按照活动规律，可以将活动空间分为静态功能区、动态功能区和静动双重功能区（图1-7～图1-9）。

空间流线分析是室内设计中的重要环节，涉及以下几方面。

（1）明确人的活动规律和人在空间中的使用参数，如数量、体积、常用位置等。

（2）明确设备、物品的运行规律、摆放位置、数量、体积等。

（3）分析各种活动因素的平行、互动、交叉关系。

（4）提出初步设计思路。

图 1-7 静态功能区

图1-7：静态功能区可以划分为睡眠区、休息区、学习办公区，大多为个人独立使用的空间。

图 1-8　动态功能区

图1-8：动态功能区包括运动区、公共大厅等空间，人流量比较大。

图 1-9　静动双重功能区

图1-9：静动双重功能区主要包括会客区、车站候车室、生产车间与办公室等空间。

1.3.2　室内设计构思

1. 初步设计阶段

室内设计构思的初始阶段主要包括以下几方面。

（1）空间使用功能。确定室内空间的使用功能。

（2）流线组织。设计行走流线并分析空间序列组织。

（3）功能分区布局。对功能区进行划分，拓展新的功能，进一步划分平面布局。

（4）图纸绘制表现。将设计布局绘制成各种图纸。

（5）平面初步整合。形成较成熟的空间组合形式，并能进一步深化。

2. 深化设计阶段

经过初始阶段的室内设计后，开始进行深化设计（图1-10）。

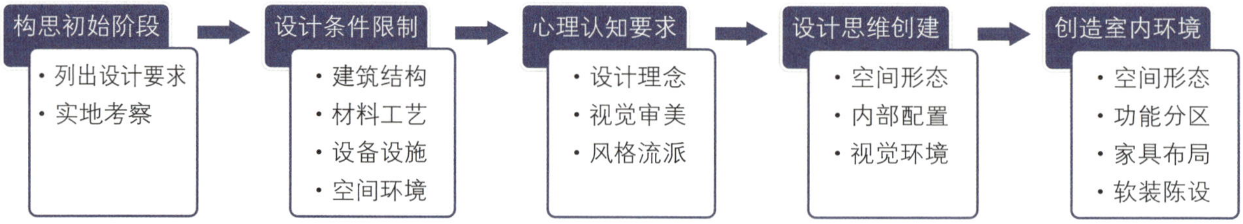

图 1-10　室内设计构思深化内容与步骤图解

图1-10：室内设计要对现有环境考虑周全，如建筑装饰材料对设计内涵、色彩、光影的影响；室内外露管道、布线处理；通风条件、采光条件、噪声、空气、温度的影响等。一件完美的室内设计作品，经过初步设计阶段和深化设计阶段，设计者协调各种环境因素后创造出来，将最终的室内设计方案形成设计图纸。

1.4 室内设计分类

1.4.1 功能分类

1. 居住建筑室内设计

主要包括住宅、公寓、宿舍的室内设计，其中住宅的室内设计包括客厅、餐厅、书房、卧室、厨房和卫生间等空间的室内设计。

2. 公共建筑室内设计

（1）文教建筑室内设计。主要包括幼儿园、学校、图书馆、科研楼的室内设计，具体包括门厅、过厅、中庭、教室、活动室、阅览室、实验室、机房等空间的室内设计。

（2）医疗建筑室内设计。主要包括医院、社区诊所、疗养院的建筑室内设计，具体包括门诊室、检查室、手术室和病房等空间的室内设计。

（3）办公建筑室内设计。主要包括行政办公楼和商业办公楼的室内设计，具体包括办公室、会议室、报告厅等空间的室内设计。

（4）商业建筑室内设计。主要包括商场、便利店、餐饮建筑的室内设计，具体包括营业厅、专卖店、酒吧、茶室、餐厅等空间的室内设计。

（5）展览建筑室内设计。主要包括美术馆、展览馆和博物馆的室内设计，具体包括展厅、展廊等空间的室内设计。

（6）娱乐建筑室内设计。主要包括歌舞厅、KTV、游艺厅等空间的室内设计。

（7）体育建筑室内设计。主要包括体育馆、游泳馆的室内设计，具体包括用于不同体育项目的比赛、训练、配套用房等空间的室内设计。

（8）交通建筑室内设计。主要包括公路、铁路、水路、民航车站、候机楼、码头等建筑的室内设计，具体包括候机厅、候车室、候船厅、售票厅等空间的室内设计。

3. 工业建筑室内设计

主要包括各类厂房、车间、生活间、辅助用房，具体包括植物暖房、饲养房等空间的室内设计。

1.4.2 风格分类

室内设计风格是一定时期内经济、政治、历史、文化、科技、民风、气象、道德、意识、地域等因素的综合反映，通过艺术改造，逐渐发展成为具有一定代表性的形式（表1-1）。

表 1-1　室内风格分类

风格	特点	图示
中国古典风格	气势恢宏、壮丽华贵，造型讲究对称，色彩讲究对比，装饰材料以木材为主，装饰图案多为龙、凤、龟等，造价较高，且缺乏现代气息，多为室内空间点缀	

续表

风格	特点	图示
古罗马风格	风格豪华、壮丽，券柱式造型特征比较鲜明，两柱之间是一个券洞，广为流行和实用的柱式有多立克式、爱奥尼克式、科林斯式、塔斯干式及混合柱式等	
伊斯兰风格	色彩华丽，表面装饰突出粉画，且有彩色玻璃面砖镶嵌，门窗用雕花、透雕的板材作栏板，常用石膏浮雕作装饰	
地中海风格	主要色彩为蓝色和白色，营造浪漫、清新的氛围。运用拱形门、拱形窗避免阳光直射，拱形墙可有效遮阴，让空间显得宽敞，回廊、穿堂、过道有通透感。	
新古典主义风格	追求自然、追求真实，将家具、石雕等带进了室内陈设和装饰中，拉毛粉饰、大理石的运用，使室内装饰更注重材质变化和空间整体性	
现代风格	装饰结构时尚新潮，设计造型简朴、通俗，具有清新感，设计线条遒劲而富于节奏感，大量使用铁制构件、玻璃、瓷砖等材料，实用性与艺术性比较强	

续表

风格	特点	图示
和式风格	多用木质结构，简约简洁，空间意识强，并巧妙利用檐、龛空间，线条明晰，所选用的壁画、宫灯等富有文化内涵，格调简朴高雅，注重人与自然统一	
田园风格	强调对自然的强烈回归意识，多将思乡之物运用到室内环境空间、界面处理、家具陈设、各种装饰要素中，大量运用木材、石材、竹器等自然材料	
简约风格	无任何装饰造型，但是空间富有变化，多选用纯净色彩，凸显理性和象征意义，主观精神明显	

1.5 室内设计发展

1.5.1 中国室内设计发展

原始社会的方形、圆形居住空间，已考虑按使用需求将室内空间进行划分，使入口和火炕的位置布置合理。原始氏族社会居室中，已有人工制作的平整光洁的石灰质地面。新石器时代的居室遗址里，还留有修饰精细、坚硬美观的红色烧土地面，壁面上绘有兽形和围猎的图形。

室内设计与建筑装饰紧密地联系在一起，自古以来建筑装饰纹样的运用，也正说明人们对生活环境精神方面的需求。历代文献《考工记》《梓人传》《营造法式》《园冶》中，均有涉及室内设计的内容。

我国各类民居，如北京四合院住宅、上海里弄住宅、云南干栏式民居等，在体现地域文化的建筑形体和室内空间组织等许多方面，都有极为宝贵的经验可供现代设计借鉴（图1-11～图1-13）。

中国在20世纪50～70年代末处于计划经济体

图 1-11　北京四合院住宅

图1-11：四合院又称四合房，是一种中国传统高档合院式建筑，其格局为一个院子四面建有房屋，通常由正房、东西厢房和倒座房组成，从四面将庭院合围在中间。

图 1-12　上海里弄住宅

图1-12：里弄住宅最先出现在上海租界，由房地产商开发，供出租、出售，地产都成了商品，为经济用地，引进联排式毗连的紧凑式布局，密度高，有取得较大面积和较多居室，适合于几代同堂的大家庭居住。

图 1-13　云南干栏式住宅

图1-13：干栏式多用于我国南方多雨地区，底层架空，它具有通风、防潮、防兽等优点，一般三至五间，无院落，日常生活、生产活动皆在一幢房子内完成，适用于地形复杂的潮湿地区。

制下，室内设计主要是政府的楼、堂、管、所室内、室外装修、装饰。1957年中央工艺美术学院（现清华大学美术学院）创建了室内装饰系，1958年为了迎接中华人民共和国成立十周年，在党中央和毛泽东主席亲自领导下，政府决定在北京建设十大建筑工程项目，当时的中央工艺美术学院室内装饰系师生与部分十大工程的设计、施工单位密切合作，圆满完成了人民大会堂、中国历史革命博物馆、民族饭店、民族文化馆、钓鱼台国宾馆等项目的室内环境设计，为中国的室内设计奠定了很好的基础。20世纪80年代以后，中国走上改革开放之路，特别是20世纪90年代以后，中国的城市建设进入快速发展时期，室内设计也得到蓬勃的发展，目前，在室内设计方面中国已成为世界一流的设计大国。

1.5.2　外国室内设计发展

古埃及贵族宅邸的遗址中，抹灰墙上绘有彩色竖直条纹，地上铺有草编织物，配有各类家具和生活用品。古希腊和古罗马建筑艺术和室内装饰已发展到很高的水平。欧洲中世纪和文艺复兴时期以来，哥特式、古典式、巴洛克、洛可可等风格的建筑与室内设计相继流行。

1919年，包豪斯学派创立，摒弃传统的思想，推进现代工艺技术和新型材料的运用，在建筑和室内设计方面，提出与工业社会相适应的新观念。20世纪格罗皮乌斯设计的包豪斯校舍和密斯·凡·德·罗设计的巴塞罗那展览馆都是体现上述新观念的典型实例（图1-14～图1-16）。

图 1-14　包豪斯校舍室内

图 1-15　巴塞罗那展览馆室内

图 1-16　流水别墅室内

图1-14：包豪斯校舍整体为不对称的建筑，设计注重建筑的使用功能，功能分区明确，该建筑的每个立面都各有特色，艺术效果符合包豪斯学派的设计理念。

图1-15：巴塞罗那展览馆的内部空间布局灵活，室内外贯通，实用性强，该展览馆所选用的建筑材料和色彩等搭配都十分高贵、雅致，具有比较高的观赏性。

图1-16：美国的流水别墅室内空间处理也堪称典范，空间自由延伸，相互穿插；内外空间交融，浑然一体。流水别墅共三层，面积约380m^2，溪水由平台下怡然流出，建筑与溪水、山石、树木自然地结合在一起，像是从地下生长出来似的。

1.6　案例解析：影院室内设计

该影院位于以休闲和购物为主的商业中心，这种搭配模式是现代城市商业中心的流行趋势，众多商店、餐厅、购物卖场，能带来较大的客流量。影院室内设计的重点在于风格营造，满足大多数消费者对商业休闲娱乐空间的审美期待。主要运用精巧、雅致的灯光对室内进行照明，要求达到在日常生活中不常见，但又能让人感到新奇视觉效果（图1-17）。

（a）影院入口公共区

（b）休息区

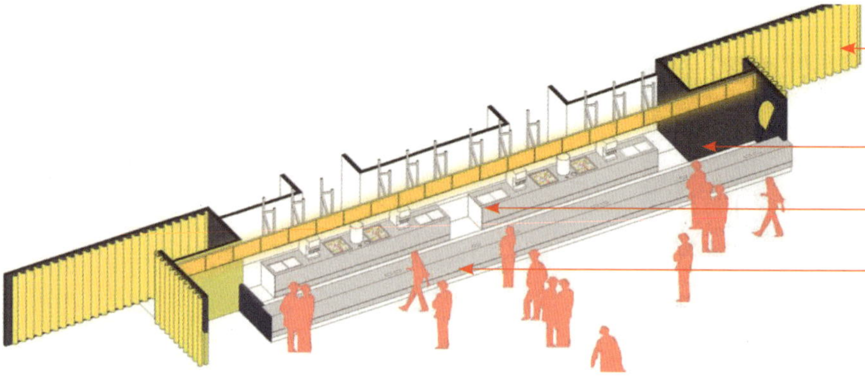

（c）柜台设计概念

（d）柜台外部

（e）柜台内部

图 1-17　Fil-max 影院室内设计

图1-17（a）：影院入口公共区通常较开阔，可供大量观众在此等候影片开场，灯光较弱，避免造成人群聚集发生拥挤。

图1-17（b）：影院入口处设置了休息区，可供消费者休息，该区域由网格隔断围护而成，具有一定隐私性与通透性。

图1-17（c）：重新设计的柜台区域让工作区的动线和顾客的动线完全分离，影院员工可以在不影响游客的情况下完成所有工作，包括出售门票、饮料，控制影厅外的空间照明和电子屏幕等。

图1-17（d）：柜台外部保持空旷通透，不摆放任何家具，满足观众快速聚散行为需求。

图1-17（e）：设计将食品加工销售柜和收银服务柜直接联系起来，只需要两名服务员就能完成前台所有工作。

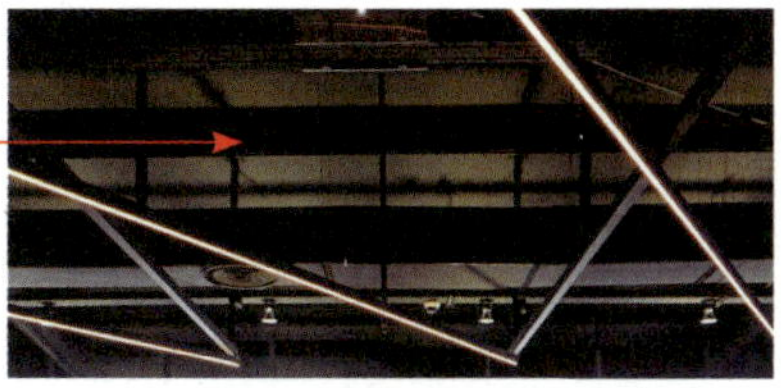

（f）改造后的天花板

（g）改造后的地板

（h）拆除了吊顶后的开敞空间

（i）沿轴线布置的广告牌

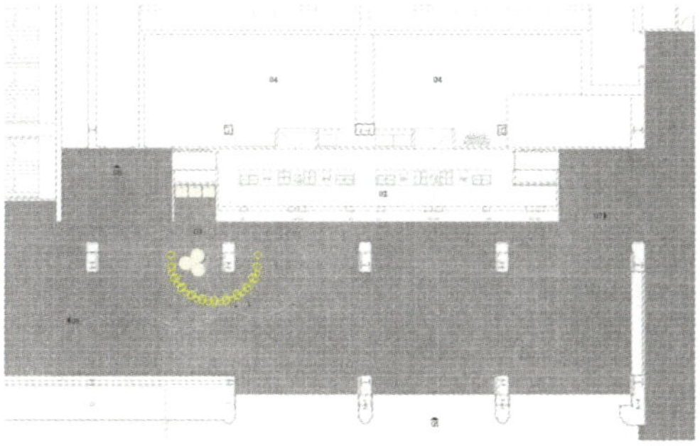

（j）平面图

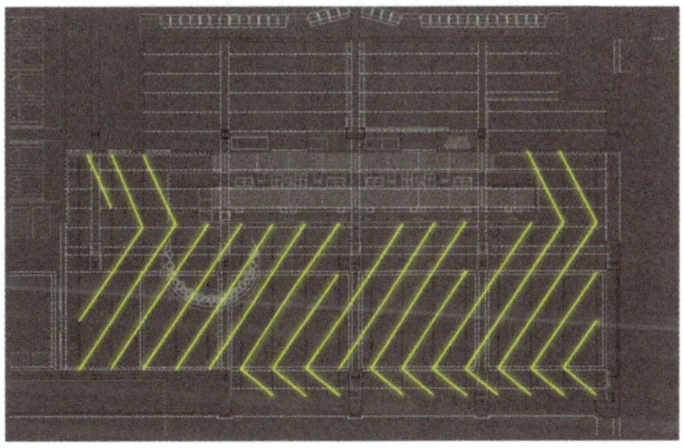

（k）引导灯光

图1-17 Fil-max影院室内设计（续）

图1-17（f）：将建筑顶部构造、设备裸露出来的目的是方便检修，同时能降低室内装饰装修成本。

图1-17（g）：地面选用纹理独特的磨光石材，突显室内设计的形式美感，方便日常清洁维护。

图1-17（h）：原有整个吊顶都被拆除，高度达到3.6m，提升了电影院入口的体验，给顾客带来舒适感受。

图1-17（i）：鉴于影院中人流具有无序性和随机性特征，设计师在两个轴线上排列了数字信息板，一个是平行于柜台的轴线，展示电影时间表，提供饮料、其他产品信息；另一个在垂直的方向上，将空间中的柱子与超薄广告灯箱结合，所呈现内容会随着时间和上映影片改变。

图1-17（j）：进入影院后，顾客会感受到空间的开阔，面积较大的售票大厅能引导观众聚集、等候，适应空间的亮度环境。

图1-17（k）：在2.8m的高度，设计师打造了一个“之”字形的照明系统，通过灯光形态将观众从影院入口引导至放映厅。

本章小结

室内设计者从接到项目开始，就要对从空间环境、房间布局、施工工艺、装饰材料、软装陈设到水、电、暖、通风、照明、智能设施、色彩等方面进行全面思考，拿出设计方案（平面图+效果图+工程造价）。设计方案既要符合甲方经济和实用要求，又要满足相应的功能要求，同时还要与原建筑风格相符合，反映原建筑的历史文脉，营造甲方需要的环境氛围。在设计时应明确设计目的，以人为本，创造美好的室内环境。总之，室内设计需结合设计者的主张、风格、见解等综合知识解决实际问题。

课后练习

1. 室内设计的含义和目的是什么?
2. 室内设计的具体作用是什么?
3. 室内设计有何特点?
4. 依据设计特点，可以将室内设计分为哪几种风格?
5. 简述三种室内风格，并举例分析。
6. 如何更好地进行室内设计?
7. 根据使用功能，室内设计可以分为几类?
8. 我国室内设计的发展在未来需要注意哪些问题?
9. 参观当地革命纪念馆，考察室内设计布局与界面装饰，找出其中具有代表性的设计元素，分析设计元素的应用规律。
10. 考察当地博物馆或革命纪念馆建筑，结合建设的年代背景，分析说明室内设计布局的特征。

第2章

室内空间与界面设计

识读难度：★★★★☆
重点概念：空间类型、空间组织、界面、装饰材料

章节导读

空间是室内设计系统中的核心要素，是室内设计的基础。在室内设计中应先进行空间的划分、限定与组织，再在此基础上进行其他环节的设计（图 2-1）。

图 2-1　主题共享办公空间设计

图2-1：共享办公空间能满足诸多小微企业的办公需求，需要在共性审美的基础上打造出一定的设计氛围，其中主题区空间划分与特异形态的界面设计能满足诸多创业者的需求。

2.1　室内空间概述

2.1.1　室内空间概念

室内空间是人在生产、生活中创造的物质产物。室内空间都会受时代生产技术、经济文化等因素制约，人们的需求也会随着社会发展而有所不同，室内空间的内涵、概念不是一成不变的，而是在不断完善和创新。

空间可以分为外部空间与内部空间，外部空间与大自然相关，如天空、阳光、太阳、山水、树木等；内部空间主要与人的生产、生活相关，包括地面、家具、灯光、陈设等（图2-2、图2-3）。

图 2-2　外部空间

图2-2：外部空间是无限的，外部空间的自然元素所包含的内容较多，这些元素不断更新。

图 2-3　内部空间

图2-3：内部空间是有限的，内部空间对人的视角、视距、方位等方面都会产生影响，由照明、色彩、陈设等多种因素综合形成，对人的心理影响较大。

2.1.2　室内空间特征

室内空间特征包括大小、形状、方向、深度、质地、明暗等（表2-1）。

2.1.3　室内空间类型

室内空间类型可以根据空间构成的性质和特点进行区分，主要包括以下几种。

1. 开敞与封闭空间

开敞空间和封闭空间是相对而言，开敞程度取决于有无侧界面、侧界面的围合度、开洞大小、开关控制度等。

（1）开敞空间。又称为外向型空间，限定性和私密性较小，强调与环境相交流、渗透，讲究对景、借景，与大自然或周围空间产生融合（图2-4）。

（2）封闭空间。又称为内向型空间，以围护实体包围而成，具有阻隔视觉、听觉的功能（图2-5）。

2. 动态与静态空间

（1）动态空间。空间形式富有动感，具有视觉

表 2-1　室内空间特征

序号	特征	内容
1	大小	包括空间的尺度大小和视觉大小，尤其是视觉大的空间显大，反之则显小
2	形状	空间形状由基本几何形状组合、变异而成
3	方向	界面处理、构配件设置和空间造型设计，能使室内空间产生很强的方向感
4	深度	指空间从前到后的距离，会影响空间布局的景深和层次
5	质地	室内空间各界面质地，是各要素相互影响的结果，其中采光照明对质地的影响很大
6	明暗	对室内照明、色彩等进行设计，能影响空间明暗效果

图 2-4　开敞空间

图2-4：开敞空间能提供更多的室内外景观，能扩大室内空间视野，且在使用时灵活性较大，便于改变室内空间布置，开敞空间反映了心理上的开朗、活跃。

图 2-5　封闭空间

图2-5：封闭空间在心理上能给人较强的领域感和安全感，所营造的内部空间具有较强的私密性。

导向性，界面组织应当连续并富有节奏，空间构成形式多样，能引导人以动态角度去观察周围事物，将人带入空间、时间相结合的环境中去（表2-2）。

（2）静态空间。空间形式稳定，常采用对称式和垂直式界面处理，空间封闭单一，视觉被引导至集中部位，空间较为清晰、明确（表2-3）。

表 2-2　动态空间特点

1	利用隔墙、家具、电器、设施等来引导人的活动并形成动势
2	组织引导人的流动序列，方向性较明确
3	空间组织灵活，人的活动为多向线路
4	具有对比强烈的动感效果
5	具有光怪陆离的光影，搭配生动的背景音乐
6	引入自然景观与植物
7	利用楼梯、壁画、家具等使人的活动具有变化

表 2-3　静态空间特点

1	空间的限定程度较强，趋于封闭
2	多为尽端房间，序列至此结束，私密性较强
3	多为对称空间，四面对称或左右对称，除向心、离心以外，很少有其他倾向，达到静态平衡
4	空间与陈设的比例、尺度相协调
5	色彩淡雅和谐，光线柔和，装饰简洁
6	实现平和转换，避免强制引导视线

3. 虚拟与虚幻空间

（1）虚拟空间。在界定空间内通过界面局部变化而再次出现限定空间（图2-6）。

（2）虚幻空间。利用不同角度镜面玻璃折射表现出虚像空间（图2-7）。

4. 内凹与外凸空间

（1）内凹空间。这类空间是在某墙面或角落局部凹入的空间，通常只有一面或两面开敞，受干扰较少，其领域感与私密性随凹入深度增加而增强（图2-8）。

（2）外凸空间。当内凹空间的垂直围护面为外墙，且有较大窗洞，向外部延伸的空间是对原空间的拓展（图2-9）。

5. 地台与下沉空间

（1）地台。在地面制作一块台体，它的作用是区分空间。例如，在客厅餐厅一体空间中，地台能从尺寸、高低、形式上对客厅和餐厅进行划分（图2-10）。

图 2-6　虚拟空间

图2-6：虚拟空间不是用实际形体和材料去分隔空间，而是靠色彩或造型去联想或感受空间的划分。

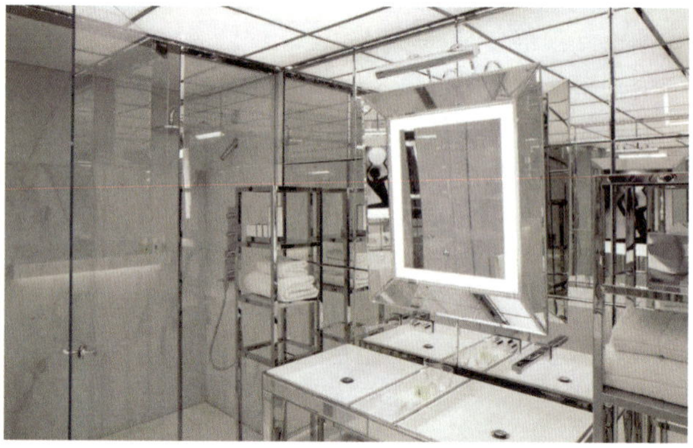

图 2-7　虚幻空间

图2-7：虚幻空间的形成需要镜面玻璃辅助，这类空间似真似假，主要存在于镜面或具备反射能力的材料表面。

图 2-8　内凹空间

图2-8：根据凹入的深浅，可将凹入空间作为休憩、交谈、进餐、睡眠等用途的空间，在住宅餐厅中，内凹空间用于厨房或卫生间，可以在房间内凹的基础上继续反向内凹壁橱，满足陈设品摆放的需要。

图 2-9　外凸空间

图2-9：外凸空间是室内凸向室外的一部分空间，以室内外挑窗台居多，这类空间拥有非常开阔的视野，且能与室外空间很好地融合在一起。

（2）下沉空间。又称地坑，指将室内地面局部下沉，在统一的室内空间中产生出界线明确、富于变化的独立空间（图2-11）。

6. 共享空间

共享空间能满足各种频繁、开放的公共社交活动需要，通过多种空间处理手法而获得综合空间体系（图2-12）。

7. 母子空间

母子空间是对空间的二次限定，是在原空间中采用实体或虚拟手法来划分出小空间，将封闭与开敞有机结合。这种空间既能有效增强亲切感和私密感，同时还能满足使用者的心理需要（图2-13）。

图 2-10　地台

图2-10：在没有阳台的客厅中，可以设计地台，这样既能在地台上休息，还可以晾晒衣物，营造一个休闲角落，与客厅风格也有明显区分。

图 2-11　下沉空间

图2-11：下沉空间打破了传统的平面布局，这种空间通过设计高差和造景，巧妙运用高低错落的手法来划分空间，含而不露，形成视觉上的凹凸感，在心理上能给人亲切的包围感和安全感。

图 2-12　共享空间

图2-12：共享空间在空间处理上，大中有小、小中有大、外中有内、内中有外、相互穿插，且变则动、不变则静，单一的空间类型表现为静止感觉，多样变化的空间形态表现为动态感觉。

图 2-13　母子空间

图2-13：母子空间强调共性中有个性，强调人与空间统一，由于母子空间具有一定领域感和私密性，因此母子空间中各区域能相互沟通、闹中取静，同时也能较好满足群体和个体的需要。

8. 交错穿插空间

交错穿插空间是指两个空间相互穿插、叠合所形成的新空间。现代室内空间设计已不满足于封闭的六面体和精致的设计形式，在空间设计中能将城市立交桥造型引入室内。这种交错穿插空间不但丰富了室内景观，还能给室内空间增添生气，交错、穿插空间形成的水平、垂直方向交通流线，具有扩大空间的效果。

9. 灰空间

灰空间是指室内与室外空间之间的过渡空间，如室内空间入口的柱廊、檐下等。灰空间具有不确定性、模糊性和灰色性，多用于处理空间之间的过渡、延伸等。

图 2-14　交错穿插空间

图2-14：别墅住宅中的二层外部空间是介于一层客厅与上层书房之间的交错穿插空间，既可以当作第二客厅使用，又可以作为书房向下的延伸空间，人在此空间中能与书房和客厅空间保持互动。

图2-15：从室外进入室内的过程中，设计一处玄关，摆放简单桌椅家具，强化地面铺装材料的形式感。玄关是大多数住宅中的灰空间。

图 2-15　灰空间

2.2　室内空间组织设计

室内空间组织设计主要通过空间的分隔与组合来实现。

2.2.1　室内空间分隔

1. 空间分隔形式

界面形态上的空间分隔可以分为绝对分隔、相对分隔、意象分隔三种形式（图2-16～图2-18）。

2. 空间分隔的意义

室内空间分隔决定了空间之间的联系，在满足不同分隔要求的基础上，实现功能划分，创造出富有美感和意境的室内空间。

2.2.2　室内空间组合

室内空间大多以组合的形式存在，可将空间组合分为以下几种。

1. 包容空间

包容空间是指将一个空间置于另一个空间中，在属性上形成空间的包容关系（图2-19）。

图 2-16　绝对分隔

图 2-17　意象分隔

图 2-18　相对分隔

图2-16：以实体界面对空间进行完全隔离，分隔视线、声音、温湿度等称为绝对分隔，最终形成封闭空间，空间界线非常明确，多运用于会议室、接待室、卧室等，实体分隔界面主要为到顶的隔墙、隔断等实体构造。

图2-17：以非实体界面构造对空间进行分隔，所形成的空间界面模糊，空间划分形式隔而不断，流动性强，通透性好，非实体界面为构造、栏杆、玻璃、家具、绿化、水体等。

图2-18：以高度较低的围合构造对空间进行分隔，在视觉上有一定流动性，分隔出的空间界限不太明确，分隔界面主要为不到顶的隔墙、屏风、较高家具等。

（a）客厅+厨房

（b）厨房+餐厅

图 2-19　包容组合空间

图2-19（a）：包容空间容易产生视觉与空间的连续性，要掌握好大、小空间之间的尺度差异。客厅是主要大空间，厨房被包容到客厅中，厨房也具备了会客的功能，因此可以设计吧台来拓展厨房功能。

图2-19（b）：将厨房与餐厅之间的隔墙拆除，设计以厨房为主，这样餐厅就被包容到厨房中去了，餐厅成为厨房功能的拓展。

（1）实体空间包容虚拟空间。根据界面围合形式，实体空间有明显界面；虚拟空间有一定范围但没有明显的界面，可以采用隔断、立柱、家具、陈设、绿化等元素设计，整体空间具有通透性。

（2）实体空间包容实体空间。这种组合形式形成母子空间，既能满足使用功能要求，又能丰富空间层次，强化空间效果。

2. 邻接空间

邻接空间是指两个形态不同的空间对接组合（图2-20）。邻接空间的形式有以下几种。

（1）对两个邻接空间进行连续限制，形成独立空间。

（2）在空间内设置分隔，让分隔后的空间既区分又联系。

（3）以列柱分隔，让邻接空间具有视觉连续性，相互渗透。

3. 穿插空间

穿插空间是指两个或两个以上的空间相互穿插、叠加，形成公共空间（图2-21）。穿插空间分为规则和不规则空间。

（1）规则空间。指空间中各局部构造有序组合，呈稳定状态。

（2）不规则空间。指空间中各局部构造不对称，呈自由状态。

4. 过渡空间

过渡空间是指用于连接两个具有一定距离的空间（图2-22）。过渡空间的形式有以下几种。

（1）过渡空间形状、大小、朝向与所连接的两个空间不同。

（2）过渡空间既能联系相隔一定距离的空间，又能联系没有任何关系的空间。

（3）过渡空间足够大时，与周围空间组合能成为主导空间，如连接客房、餐厅、商务区、休闲区等的酒店大堂。

5. 组合空间

组合空间是指对多个空间进行组合，形成全新的空间（图2-23）。组合空间的形式有以下几种。

（1）线形组合。将大空间中的诸多小空间沿一条线进行组合布置，通过走道来连接。

（2）集中组合。有一个主要空间作为中心，

图 2-20　邻接空间

图2-20：邻接空间中的视觉效果取决于空间既分隔又联系的体块与面，室内房间与游泳池之间的过道邻接着室内空间与室外游泳池。

图 2-21　穿插空间

图2-21：穿插空间形态不相同，当两个空间以穿插方式贯穿时，需保持各自的界限与完整性，图书馆的服务区穿插在阅读区与藏书区之间，地面铺装深色地砖，能让读者快速行走于图书馆的各种公共服务设施之间。

周围空间和通行走道组合成次要空间，从中心向外伸展。

（3）辐射组合。将线形空间从一个中心向外辐射扩展，从而产生新的空间。

（4）网格组合。各空间组合后形成规范的网格形式。

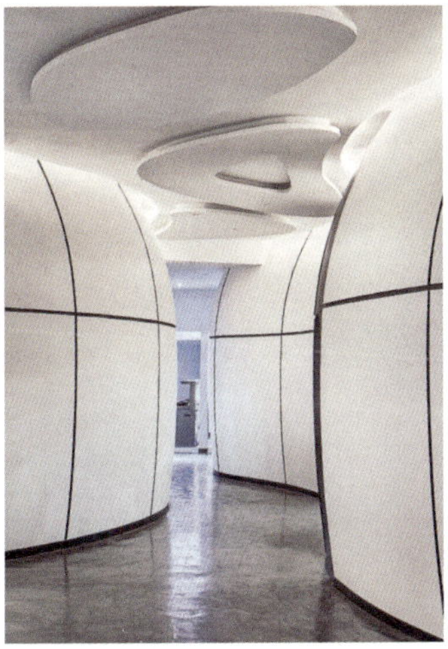

图 2-22　过渡空间

图 2-23　组合空间

图2-22：过渡空间具有较强的节奏感，以走道的形式呈现，能在一定程度上改变空间的形态。

图2-23：组合空间是构成单元空间或大型空间的基础，将餐厅中卡座区、吧台区等多种空间通过走道组合在一起。

2.3　室内空间界面设计

室内空间界面直接影响室内空间的分隔、组织和氛围营造。

2.3.1　界面设计基础

1. 界面设计内容

室内界面包含围合空间的顶面（平顶、吊顶）、底面（楼、地面）、侧面（墙面、隔断）三大部分。由于室内空间的设计要求不同，界面设计手法多种多样。界面设计需要与室内设施、设备紧密结合。

2. 界面设计要求

对各类界面设计成果是通过装饰材料来实现的，应满足实用、经济、美观的要求，具体要求如下。

（1）装饰材料散发的有害气体与放射性物质应当低于国家规定的剂量（GB 18580～GB 18584以及GB 50325-2020），装饰材料应满足耐久性与使用期限要求。

（2）装饰材料应具有一定阻燃与防火性能，采用不燃或难燃材料，避免采用燃烧时释放大量浓烟与有害气体的材料。

（3）对界面进行必要的隔热、保暖、隔声、吸声处理，施工构造应易于制作、安装，便于更新且经济合理。

3. 各界面功能特点（表2-4）

2.3.2 顶面设计

1. 顶面特点

顶面位于空间上部，具有位置高、不受遮挡、透视感强、引人注目的特点，顶面设计应当突出重点，增强空间的方向感、秩序感与序列感等。

2. 顶面处理方式

顶面的处理方式分为显露结构式、半显露结构式、掩盖结构式。显露结构式完全暴露空间的结构和设备；半显露结构式能与结构、设备巧妙结合，并在重点空间上部或需遮挡设备的部位制作吊顶；掩盖结构式采用整体吊顶，且形式比较丰富（图2-24～图2-26）。

3. 顶面结构与设备

室内空间的结构与设备体系包括楼板厚度、横

表 2-4　各界面功能特点

界面	功能特点
顶面（平顶、吊顶）	质轻、光反射率高、保温、隔热、隔声、吸声等
底面（楼、地面）	防滑、耐磨、易清洁、防静电等
侧面（墙面、隔断）	保温、隔热、隔声、吸声等

图 2-24　显露结构式顶棚

图2-24：显露结构式顶棚能节约材料和资金，艺术气息浓郁，适用于工业风格的室内空间。

图 2-25　半显露结构式顶棚

图2-25：半显露结构式顶棚能节约材料和资金，这种顶棚不失美观，比较环保，适用于简单分隔的室内空间。

图 2-26　掩盖结构式顶棚

图2-26：掩盖结构式顶棚采用整体吊顶，吊顶造型丰富多变。

梁高度、风管断面尺寸、水电管线的走向和铺设要求等。吊顶造型与工艺受室内净空高度制约，要考虑空调出、回风口位置，嵌入灯具或灯槽位置，此外还要考虑消防喷淋、报警、通讯、音响、监控等设施的安装位置。

4. 顶面设计手法

顶面设计会融合造型、照明、色彩、材质等多种设计元素进行综合设计。

（1）造型。吊顶造型有平顶、穹顶、井格顶、图案装饰顶等，顶面与墙面可以融合为一体，也可以在吊顶上采用装饰造型或灯具作为主要元素进行设计。

（2）照明。主要分为自然照明与人工照明，前者通过天窗使室内空间明亮，光影变化丰富，能节约能源；后者除了照明外，还能突出空间主题、烘托气氛。

（3）材质。天然的木、竹、藤等材料给人朴素、亲切感；钢、铝合金、玻璃等材料简洁明快、精致细腻，能创造出机械美感；平整光滑的大理石具有整洁感、精密感。

（4）色彩。暖色可使人产生紧张、热烈、兴奋等情绪，冷色可使人产生安定、优雅、宁静等情绪。两个大小相同的房间，暖色显得小，冷色显得大。室内色彩多遵循上浅下深的原则来处理，自上而下，顶面最浅，墙面稍深，踢脚板与地面最深，这样上轻下重的空间稳定感强。

2.3.3　底面设计

底面用来承托家具、设备和人的活动，显露的程度是有限的，但是能最先被人的视觉所感知。

1. 底面造型设计

底面造型设计主要通过图案纹理来呈现，可分为几何形、植物、动物等多种造型（图2-27）。

图 2-27　底面造型设计

图2-27：底面造型设计往往与空间、顶棚的形态相呼应，这样也能使主要空间的视觉效果更加鲜明、突出。

2. 底面色彩设计

底面对其他物体能起到衬托作用，具有呼应和加强墙面色彩的作用，通常底面色彩比墙面深（图2-28）。

3. 底面采光设计

底面可利用灯光来获得装饰效果，在底面下方设置灯光或配置地灯，能丰富视觉效果，引导人的交通流线（图2-29）。

图 2-28 底面色彩设计

图2-28：色彩设计可选用低彩度、含灰色成分较高的色彩，常用色彩有暗红色、褐色、米黄色、木色、浅灰色等。

图 2-29 底面照明设计

图2-29：底面照明除了可以提供导向作用外，还可以作为地面的装饰图案，塑造出较好的视觉效果。

4. 底面材质设计

底面多选用耐磨、结实、便于清洗的材料，如天然石材、毛石、地砖等，其中地砖铺地变化较少，可以通过图案设计和色彩搭配来获得良好效果（图2-30）。

2.3.4 侧面设计

1. 侧面设计

（1）造型。注重虚实关系，以门窗为虚，墙面为实，但是要避免虚实平均各半的形式。通过图案来设计造型（图2-31）。造型设计还要正确显示尺度感和方向感，避免出现不恰当的虚实关系和肌理尺度（图2-32）。

（2）照明。利用光作为装饰要素，使围合空间独具魅力，设计洞口或利用门窗，将自然光引入，设计人工照明，营造出特有的灯光氛围（图2-33）。

（3）材质。合理使用和搭配装饰材料，使墙面富有层次与变化。

（4）色彩。色彩能构成室内基本色调，侧面色彩通常是室内背景色，采用低彩度、高明度色

图 2-30 底面材质设计

图2-30：材质设计除采用同种材料之外，也可用两种或多种材料进行构成，这样既可界定不同空间，又能使地面富于变化。

彩，不易使人产生视觉疲劳，同时能与家具色彩相协调（图2-34）。

2. 侧面隔断设计

隔断具有划分空间的作用，能增加空间层次。隔断分为活动隔断和固定隔断，活动隔断如屏风、家具、布艺等；固定隔断如石材隔断、玻璃隔断、木隔断等（图2-35～图2-38）。

图 2-31　墙面造型的视觉感受

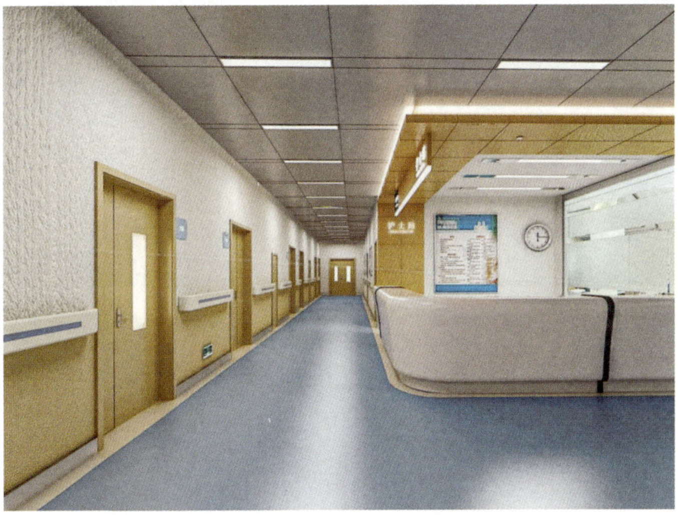

图 2-32　墙面造型的方向感

图2-31：通过几何形体在墙面上的组合构图、凹凸变化，构成具有立体效果的墙面装饰，能强化主题。

图2-32：横向分割具有水平方向感和安定感，竖向分割使人产生垂直方向感、兴奋感和高耸感。

图 2-33　侧面光设计

图 2-34　侧面色彩设计

图2-33：光与色彩、空间、墙体交织在一起，形成室内空间虚实、明暗、形态变化。

图2-34：为了渲染气氛，墙面用色可较深，使室内空间更具生活感，所营造的室内空间氛围能更浓郁。

图 2-35　石材隔断

图 2-36　玻璃隔断

图2-35：石材隔断厚重感强，分隔空间具有较强的私密性，适用于面积较大的室内空间。

图2-36：玻璃隔断拥有较好的透明性和通透性，分隔的空间私密性较差，适用于办公空间或大面积客厅。

图 2-37　木隔断

图 2-38　布艺隔断

图2-37：木隔断装饰感比较强，适用于咖啡厅、餐厅等空间。

图2-38：布艺隔断质地较轻，制作材料较多，具有一定观赏性。

2.4　界面装饰材料

2.4.1　装饰材料要求

为便于分析比较，各界面基本功能要求如表2-5所示。

表 2-5　　各界面基本功能要求

基本功能要求	底面	侧面	顶面
耐久性	●	○	○
防火性	●	●	●
环保性	●	●	●
施工性	●	●	●
质轻	○	○	●
耐磨与耐腐蚀	●	○	—
防滑性	●	—	—
易清洁	●	○	—
隔热保暖	●	●	●
隔音吸声	●	●	●
防水防潮	●	○	○
光反射率	○	○	●

注：●表示较高要求，○表示一般要求，—表示无要求。

— 补充要点 —

界面装饰材料选用原则

1. 满足使用功能。不同功能的室内空间，需由相应的装饰材料来烘托环境氛围。

2. 适合装饰部位。不同部位应当选择不同的装饰材料。例如，室内地面应选用有一定强度、易于清洁的装饰材料，涂料、壁纸或织物软包等都不能用于地面。

3. 符合时尚审美。室内空间环境需要与时俱进，讲究时尚美感，设计能延续较长时间。

4. 合理增减材料。在室内设计中铺设或贴装饰材料属于增加材料，相反也可以减少材料，如利用外露的结构构件制作混凝土或清水砖的效果。

2.4.2 室内装饰材料

室内装饰材料种类繁多，不同材料的特点和用途见表2-6～表2-10。

表 2-6　板材的特点与用途

名称	特点	用途	图示
细木工板	以木板条拼接成芯板，上下两面覆盖木质薄板，经粘胶胶合压制而成	用于门窗套、家具、窗帘盒、隔墙、基层骨架	
胶合板	将木料旋切成单板，再用胶黏剂黏合而成	用于木质构造的背板、底板等，厚薄尺度多样，质地柔韧，易弯曲，也可配合细木工板用于复杂结构中	
饰面板	表层薄板是名贵木材，纹理天然、华美，基材是胶合板，性能稳定可靠	用于细木工板或胶合板表面钉接，形成装饰表面	
纤维板	表面光滑平整、材质细密、性能稳定、边缘牢固、容易造型，耐潮性和握钉力较差	用于室内家具、护墙板与其他构造	
刨花板	由木材或其他木质纤维颗粒制成，施加胶黏剂后在热力和压力作用下胶合成板，耐潮性较好	用于室内家具、门板与其他构造	
生态板	保温隔热、轻质高强、耐火阻燃、加工方便、吸声隔音、适合承载、耐久性好、绿色环保、经济实用，花色品种较多	用于室内装饰、家具、门板与其他构造	

续表

名称	特点	用途	图示
铝塑板	耐候性佳、强度高、易保养，施工便捷，可供选择颜色多	用于粘贴在家具、墙裙、门板、其他构造外部	
铝扣板	板面涂层光洁美观、重量轻，防水、隔音、隔热、防震、防火，安全无毒	用于室内厨房、卫生间顶棚	
石膏板	以建筑石膏为主要原料制成，重量轻、强度较高、厚度较薄、加工方便，隔音、绝热和防火等性能较好	用于室内隔墙、吊顶覆面	
硅钙板	重量低于石膏板，强度高于石膏板	用于室内吊顶	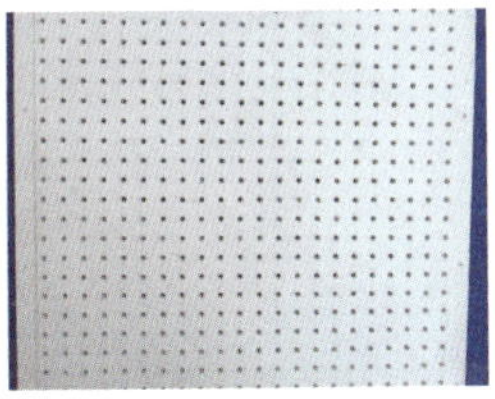

表 2-7　　不同玻璃的特点与用途

名称	特点	用途	图示
平板玻璃	表面平整，透光性好，强度适中	用于普通门窗玻璃，经过喷砂、雕磨后作为室内屏风、隔断等使用	
磨砂玻璃	隔声效果好，私密性强，在温差变大时有自爆的可能	用于室内隔墙、隔断、墙体覆面板、天花板等构造中装饰镶嵌，但是不宜安装在浴室或厨房中	

续表

名称	特点	用途	图示
钢化玻璃	属于安全玻璃，承载能力强，抗风压性能强	用于建筑封闭门窗、室内隔断玻璃、浴室、采光顶棚、家具、护栏等	
夹层玻璃	安全性高，破碎的玻璃表面仍保持整洁光滑，能有效防止碎片扎伤和穿透坠落事件发生，隔声性能好	用于安静、舒适的办公环境，用于贵重家具、展陈家具中	
夹丝玻璃	强度高，能避免有棱角的小块碎片飞出伤人，火灾蔓延时能起到隔绝火势的作用	用于天窗、天棚顶盖，以及易受震动的门窗上	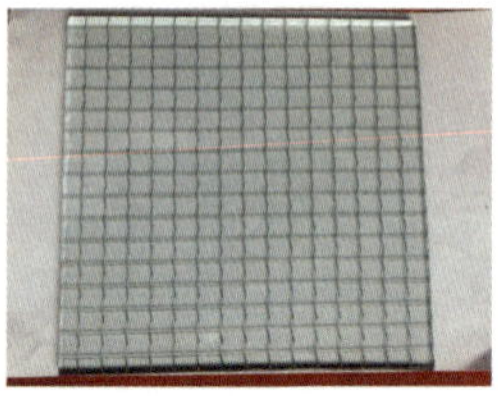
中空玻璃	能减轻室内暖气负荷，能降低因辐射热引起的不舒适感，减轻阳光引起的目眩，有多种色彩	用于需要采暖、防噪声、防阳光直射或有保温要求的室内空间	
热反射玻璃	有反射和遮蔽作用，具有单向透光的特性，能形成强烈的镜面效应，节能且装饰效果好	用于需要控制太阳辐射增热的室内门窗，或玻璃幕墙、各种艺术装饰隔断	
激光玻璃	受光后能产生色彩变化	用于酒吧、酒店、商场、电影院等商业娱乐室内空间，住宅中也可用于吧台、视听室等处，可用于客厅、卧室等空间的墙面、柱面	
玻璃砖	有区隔作用，能将光引导入室内，具有良好的隔声效果	用于比较高档的室内空间，营造琳琅满目的氛围，还可用于有采光及防水功能需求的室内空间，如卫生间、厨房中的隔断	

表 2-8　　陶瓷砖的特点与用途

名称	特点	用途	图示
釉面砖	表面施釉，色彩图案丰富、规格多、清洁方便、选择空间大，表面强度高	用于墙面、地面装饰	
通体砖	表面不施釉，装饰效果高雅别致、纯朴自然，表面粗糙，反光柔和	用于室内大厅、过道、墙面装饰，多用于厨房墙面装饰	
抛光砖	表面光滑，纹理和色彩丰富，装饰效果好	用于室内客厅、餐厅等面积较大的空间地面装饰	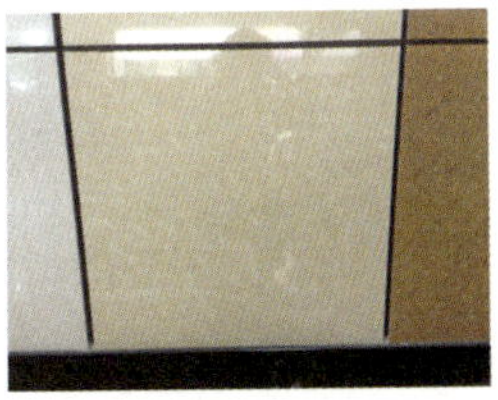
玻化砖	色调高贵、质感优雅、性能稳定，强度高、耐磨、吸水率低、耐酸碱、色差小	用于室内客厅、餐厅等面积较大的空间地面装饰	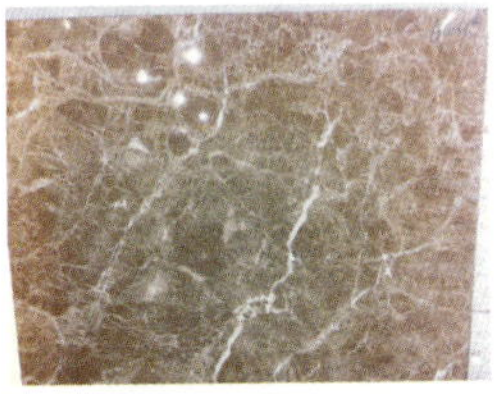
马赛克	使用小规格瓷砖或陶片拼接出图案，小巧玲珑、色彩斑斓	用于室内小面积地面、墙面装饰	

表 2-9　　墙纸的特点与清洁方法

名称	特点	清洁方法	图示
普通塑料墙纸	采用聚氯乙烯树脂制成，墙纸分为纸质层与塑料层，如果室内温差较大，墙纸会热胀冷缩导致翘边	塑料壁纸表面可用软橡皮擦擦除污迹，再用 75% 酒精湿纸擦除顽固污渍	

续表

名称	特点	清洁方法	图示
发泡塑料墙纸	质地松软、厚实，表面具有弹性凹凸状花纹图案	易堆积灰尘，3~6个月应清洗一次，可用吸尘器或毛刷蘸清水洗，注意不要将水渗入接缝处	
天然材质墙纸	由天然材质制成，如木材、草等，古朴自然，素雅大方，啤酒、饮料等有色液体沾染后会使墙纸变色	沾染液体后，先用半干白布擦拭，无效的话再用专用清洁剂喷涂，再用白布擦拭	
纯纸墙纸	由纯纸浆制成，透气性好，吸潮，且环保、低碳，不能直接用水清洗或擦拭	有污点时可用橡皮擦拭，墙纸起泡可将墙纸表面的气泡用针扎破并放出气体，再用注射器将胶水注入，用刮板刮平	
木纤维墙纸	环保性和透气性好，使用寿命最长，花色柔和、自然，经久耐用，可用软刷与水擦洗	墙纸发黄可将漂白粉溶于水后浸湿毛巾擦拭	
无纺布墙纸	采用天然植物纤维制成，拉力强，环保、不发霉、不发黄、透气性好，易清洁，耐洗能力强	遇污染用抹布擦洗，顽固污渍可用小毛刷或金属刷轻刷，不必担心将墙纸刮伤	

表 2-10 乳胶漆的特点与用途

名称	特点	用途	图示
通用内墙乳胶漆	无污染、无毒、无火灾隐患，易于涂刷、干燥迅速，漆膜耐水、耐擦洗性好，色彩柔和，透气性好	用于墙面、顶面涂装	

续表

名称	特点	用途	图示
抗污乳胶漆	抗污性好，但部分化学性物质，如化学墨汁不易清洁掉	用于儿童房、走廊墙面涂装	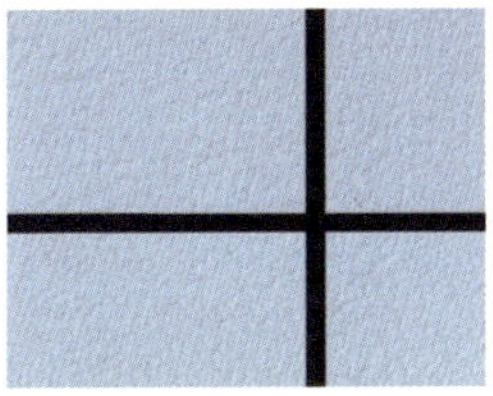
抗菌乳胶漆	涂层细腻丰满、耐水、耐霉、耐候性好，抗菌功能好，能改善环境	用于地下室、走廊墙面涂装	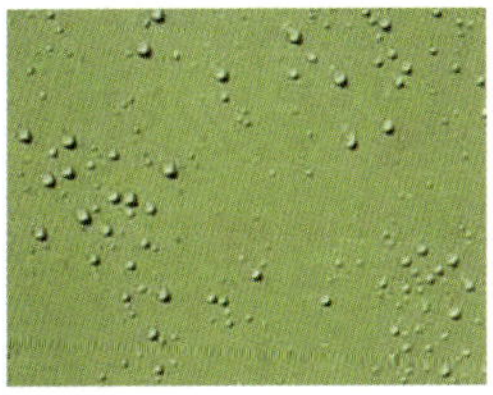

2.5 案例解析：比萨店改造设计

该店面为单层，面积62m²，坐落在一处120m²的院落中，建筑距今已有100多年历史，由于荒废了很长时间，室内状况并不理想，装饰材料大都受到了严重破坏。

业主希望将这里改造成一间比萨店，顾客可以边享用比萨，边观看比萨的制作过程。为了满足业主的需求，设计师加强了房屋结构，复原了室内设施，并将立面全部翻新（图2–39、图2–40）。

根据建筑环境状况，没有设立砖砌隔墙，在整个地块中创造了一个开放而连续的室内空间（图2–41）。室内与室外都使用具有历史感的木料与石材，木质家具中点缀有金属元素，为空间增添了几分现代感。

比萨制作区和餐厅之间只间隔着收银台，顾客可以在就餐时观看比萨制作的过程。由于室内面积有限，特将庭院设计为室内餐厅的延伸，两个区域的地面铺装砖材相同，仅以折扇推拉门分隔，看上去就如同一个整体（图2–42）。

采用不同材料与色调区分不同的功能区，避免在空间内设置物理隔断。厨房墙面涂成白色，由收银台与黑色金属架划分出界限，卫生间在另一端，以白色隔墙分成两个内隔间，中间凹进去的部分为黑色墙面，设置公共洗手池。

餐厅中间沿内墙设计一排木质座椅，连接收银台与卫生间隔墙。餐厅内的家具、构造装饰均为黑白色调，整体和谐统一（图2–43）。庭院中的椅子采用较亮的绿色，使室外空间氛围更加清新（图2–44）。

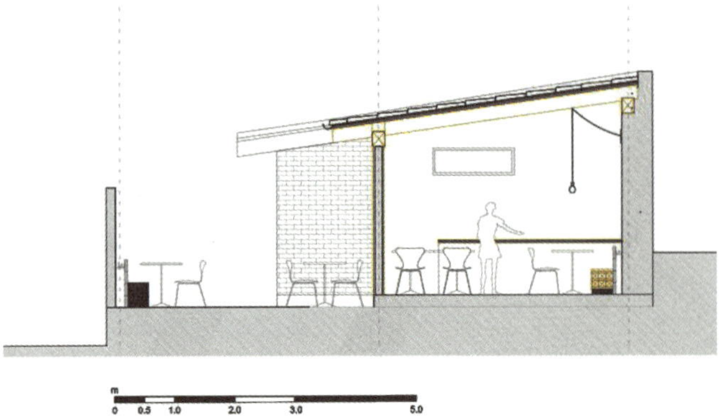

图 2-39　立面构造图

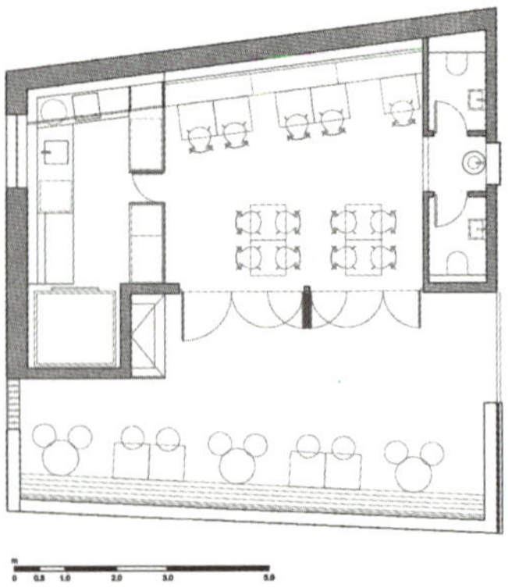

图 2-40　平面布置图

图 2-41　折扇推拉门

图 2-42　相同铺地

图 2-43　家具色调

图 2-44　亮绿色铁质座椅

图2-39：木装饰隔断用于分隔室内外空间，立面构造图形象、具体，设计内容也符合业主要求，同时又具有极强的个性特征。

图2-40：室内隔断根据设计需求进行重新布局，既保留了当地特色，也能与建筑环境相协调。

图2-41：折扇推拉门使用方便，同时也能避免空间浪费，折扇推拉门完全展开时也不会影响室内外之间的联系。

图2-42：相同的铺地结构能够使不同的功能分区有所联系，增强了室内空间的整体感与统一性，视觉效果较好。

图2-43：家具的色调偏冷，灯光偏暖，这种冷暖对比能够增强室内的用餐氛围，所塑造的格调比较高雅、别致。

图2-44：绿色的铁质座椅在材料上给人以冰凉感，在色彩上给人以清新感、自然感，这与木质卡座形成对比。

本章小结

本章节主要介绍了建筑室内空间的概念、类型、组织设计，并探寻人与室内空间的关系。室内空间是人类劳动的产物，是人类有序生活所必备的物质基础，应当满足其使用功能与精神需求。在室内设计中，要充分利用各种装饰材料，精准把握装饰材料特性，通过材料与构造来协调人与空间、环境的关系。

课后练习

1. 什么是室内空间?
2. 室内空间有哪些特征?
3. 室内空间有哪些类型? 各有什么特点?
4. 简述建筑空间对心理知觉的影响。
5. 建筑空间形式美有哪些表现?
6. 现代室内分隔的发展趋势是什么?
7. 室内装饰材料有哪些? 具体有何特点?
8. 简述人与建筑室内外空间的关系。
9. 考察教学楼建筑室内的过渡空间，分析空间大小与层次，选择其中一面墙作为思政宣传墙，设计墙面造型。
10. 考察中国传统建筑室内空间，分析材料的肌理与质感，搜集5种能用于传统建筑室内翻新改造的现代装饰材料。

第3章
人体工程学

识读难度：★★★☆☆
重点概念：测量、数据、行为、家具、影响

章节导读

人体工程学主要研究人体尺寸、心理、生理的状况，结合室内设计方法，主要强调室内空间的尺寸设计。在室内设计中要对空间进行划分，就离不开尺寸数据，需要在设计过程中不断提出精准的数据，为室内空间功能分配奠定基础（图 3-1）。本章介绍人体工程学在室内设计中的运用，指出室内空间、构造、家具的设计尺寸。

图 3-1　儿童阅读室

图3-1：设计儿童阅读室要考虑到不同年龄段儿童对于相关设施的尺寸要求，可以分区设计，针对不同年龄段儿童设计不同尺寸的空间、家具、构造等。

3.1　人体工程学基础

人体工程学又称为人类工程学或工效学，主要探讨人们劳动效能的规律性问题（图3-2）。

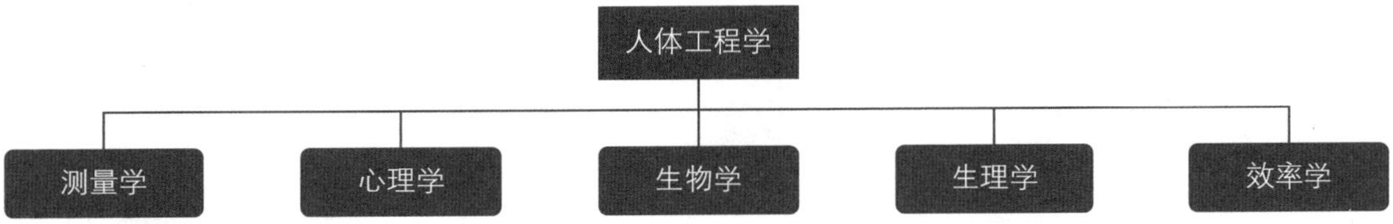

图 3-2　人体工程学分支示意图

图3-2：此示意图清晰表明了人体工程学是由5门分支学科组成，即测量学、心理学、生物学、生理学、效率学。

3.1.1　人体工程学含义

人体工程学是一门研究人在工作环境中的解剖学、生理学、心理学等方面的综合学科，包括研究人和机器与环境的相互作用；研究人在工作、生活中的健康、安全、舒适等问题。

3.1.2　人体工程学发展

人体工程学起源于欧美，最初是在工业社会中发展起来的，主要探求人与机械之间的协调关系。第二次世界大战中，军事科学技术开始运用人体工程学的原理和方法，在坦克、飞机的内舱设计中强调如何使人在舱内高效操作和战斗，并尽可能使人长时间在小空间内减少疲劳，即处理好人、机、环境的协调关系。第二次世界大战后，各国将人体工程学的实践与研究成果迅速有效地运用到建筑设计、工业设计中去。

当今社会重视“以人为本”，强调设计为人服务，人体工程学从人自身出发，在以人为主体的前提下研究人们衣、食、住、行等活动。

3.2　人体数据计测方法

每个人的身高、体重、生活习惯都是不同的，在进行室内设计时，要对使用者的身高、体重等各方面数据进行测量，最大限度满足人的生活习惯与使用需求，创造出符合生活习惯的室内空间。下面介绍人体基本尺寸的测量方法。

3.2.1　站姿测量

首先对多位被测量者的身高进行测量，然后取平均值，接着根据被测量者身高来进行高度设计，最终保证被测量者可以正常使用室内家具。被测量者在测试时，应保持正常站姿，抬头挺胸较为关键，当空间涉及尺寸设计时，此时的测量数据就是室内设计的重要依据（图3-3、图3-4）。

3.2.2　坐姿测量

坐姿是一种常见的姿势，在进行坐姿测量时，

（a）测量身高

（b）测量肩高

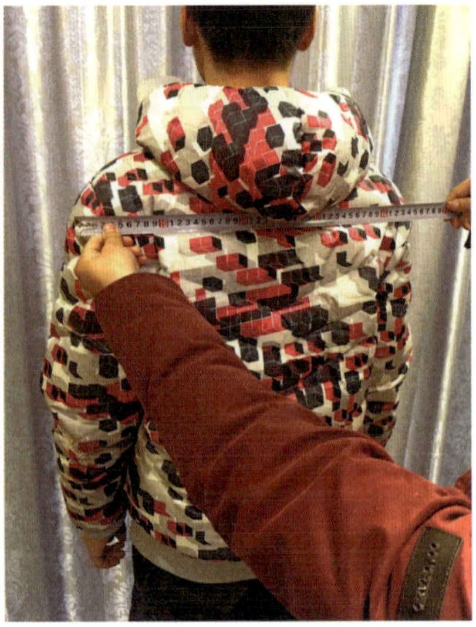
（c）测量肩宽

图 3-3　站姿测量

图3-3（a）：测量身高时从脚掌跟部测量到头顶最高部位，在设计家具时，可以根据身高选择合适的家具高度。

图3-3（b）：手在拿取物品时会受到手臂的制约，在设计吊柜、高柜时，需要根据肩高来设计，太高会导致拿不着柜里的物品。

图3-3（c）：在设计书桌时，肩宽数据具有重要意义，不同肩宽对桌面宽度与长度都有设计要求。

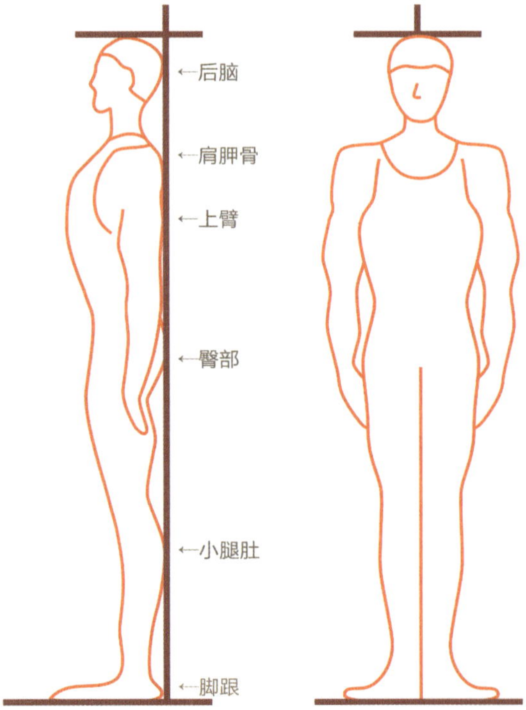

图 3-4　测量部位名称

图3-4：测量时需要脱鞋，头部不带任何的发饰，两脚跟靠拢，脚尖呈45°，脚跟、臀部、肩部及后脑紧靠墙面或身高尺并立正站直，鼻尖与耳垂成一条水平线。

要注意到每个人的坐姿臀膝距、下肢长、坐深、大腿厚度、坐姿颈高、前臂伸手长度等尺寸。坐姿的可容空间是指人坐下后，可以自由活动不受阻碍的空间，坐姿是很随意的姿势，在设计家具、座椅时，要将坐姿测量数据与室内活动空间相结合（图3-5）。

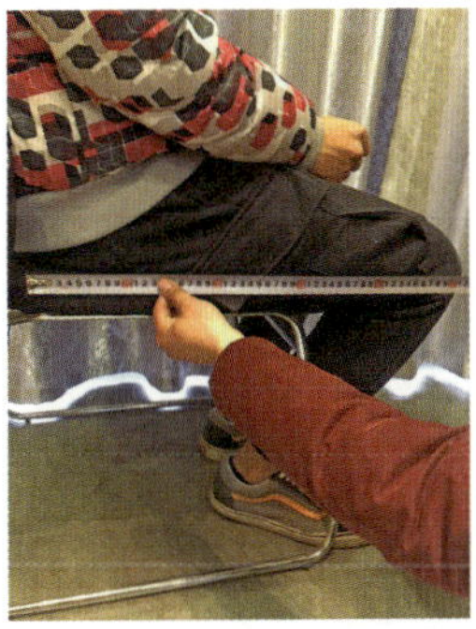

（a）测量臀膝距

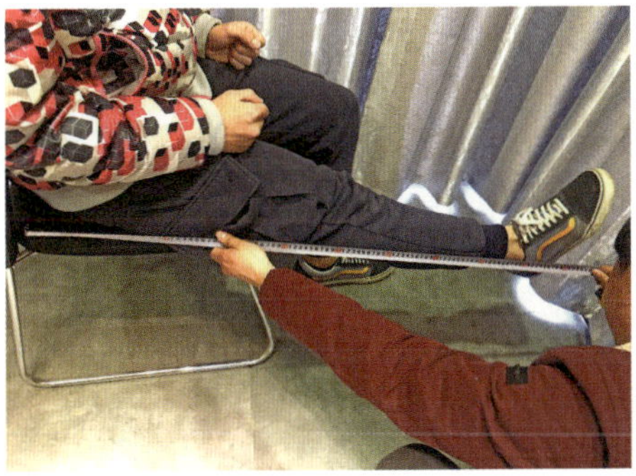

（b）测量坐姿下肢长

（c）测量坐深

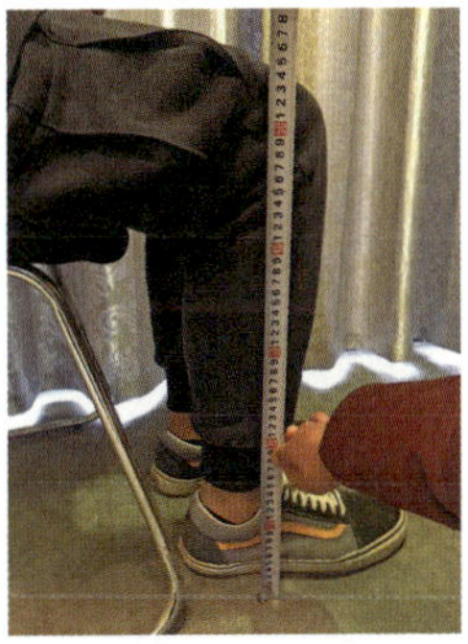

（d）测量膝盖高

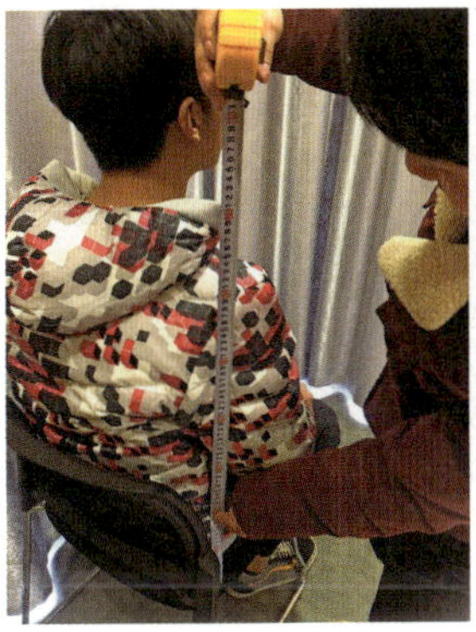

（e）测量坐姿颈高

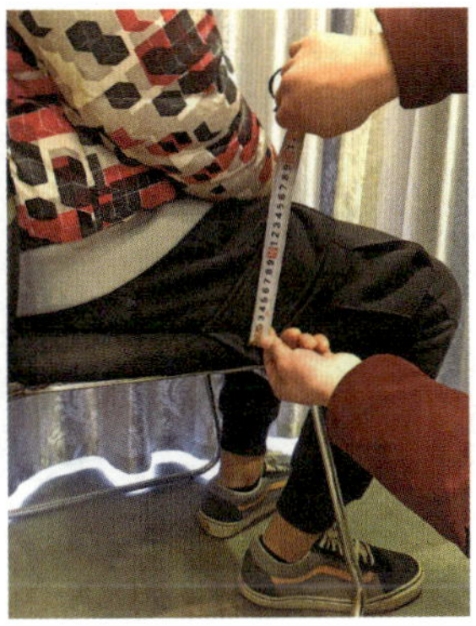

（f）测量大腿厚

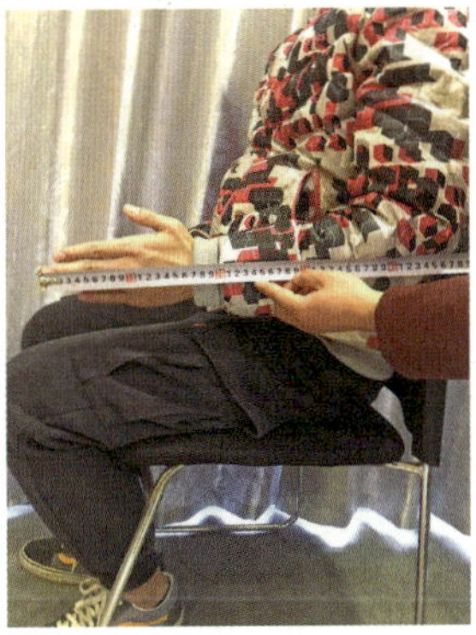

（g）测量伸手长度

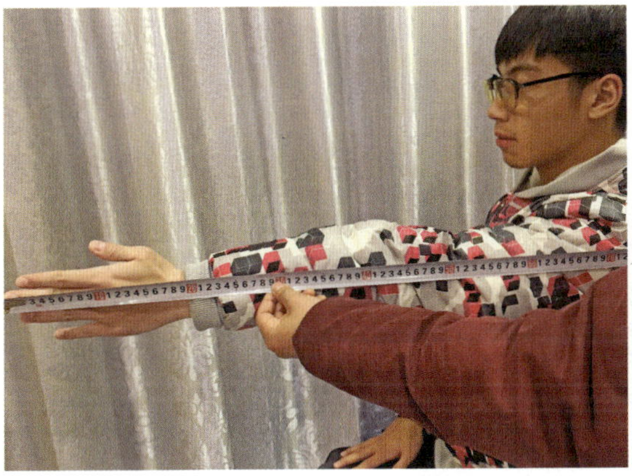

（h）测量前臂加手功能伸长

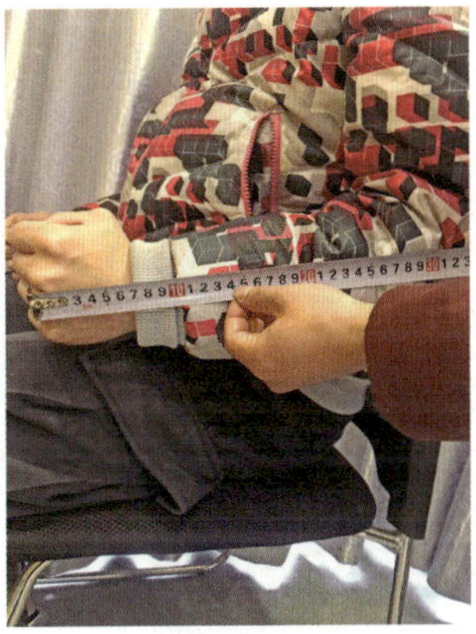

（i）测量握拳长度

图 3-5　坐姿测量

图3-5（a）：臀膝距决定了座椅椅面的深度。

图3-5（b）：坐姿下肢长直接影响座椅的高度，下肢越长，座椅的高度越高，反之则是相反。

图3-5（c）：坐深是决定座椅椅面尺寸的关键要素。

图3-5（d）：测量膝盖高要从脚底部测量到膝盖上方最高点位置，数据会较为客观。

图3-5（e）：坐姿颈高决定了人们在观影、学习、阅读时人眼所在的高度，对于各类家庭电器安装高度有所影响。

图3-5（f）：坐姿大腿厚决定了餐桌与座椅之间的高度，测量时选取最高值为准。

图3-5（g）：测量伸手长度能确定抽屉内的深度。

图3-5（h）：测量前臂加手功能伸长能确定桌面、台面等家具的最大宽度。

图3-5（i）：测量握拳长度能确定家具上拉手的安装位置尺寸。

3.2.3 宽度测量

在室内空间中，人的手臂在活动时从上到下，从左至右会有从舒适、合适到拘束的感受范围。测量两臂展开宽度时，双手张开保持水平状态，从手臂一端的中指开始，测量到另一端手臂的中指，即为两臂展开的宽度。两肘宽度测量时，将手放置在胸前，弯曲手臂并保持平衡，从肘部的一端测量到肘部的另一端即可（图3-6）。

3.2.4 手臂长度测量

手臂长度测量是测量必不可少的环节。测量手臂长度数据时，被测试者应保持抬头挺胸的站姿，手臂呈自然下垂，不要刻意伸直或弯曲，测量数据才能最接近正确值，避免出现重复测量或数据有误等情况（图3-7）。

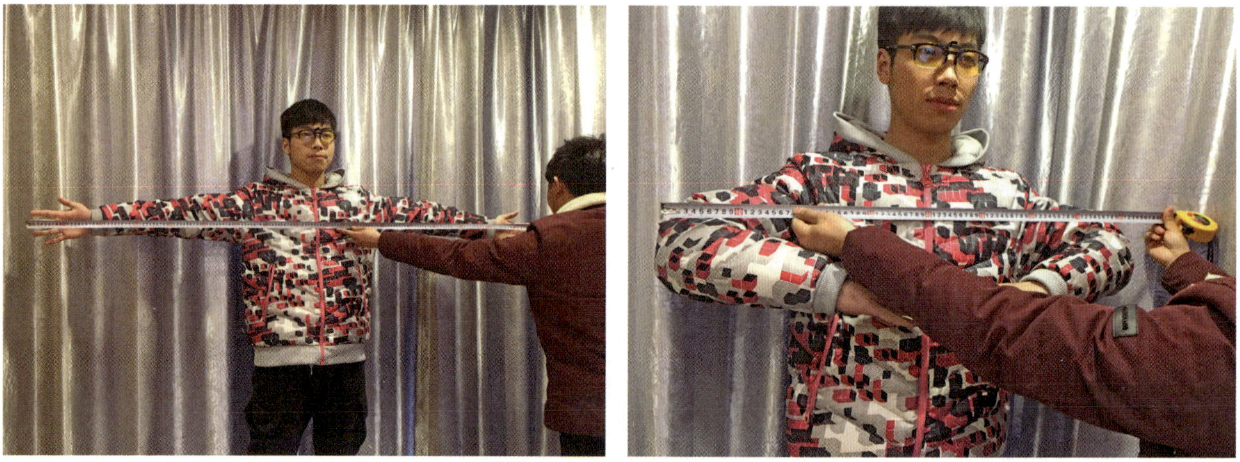

（a）测量展开臂长　　（b）测量收拢臂长

图 3-6　宽度测量

图3-6（a）：人体在向上下左右拿东西或活动时，两臂展开宽度是决定家具尺寸设计的关键点。

图3-6（b）：两肘宽度对电脑桌、书桌、餐桌设计有极大影响。

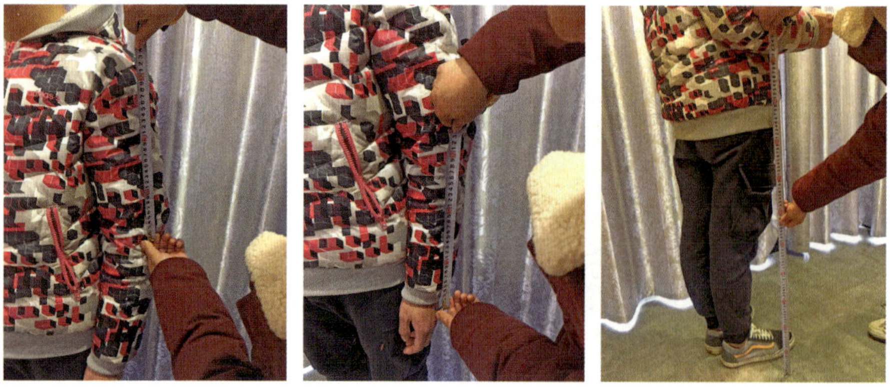

（a）测量上臂长　　（b）测量下臂长　　（c）测量肘部高

图 3-7　手臂长度测量

图3-7（a）：测量上臂长能确定柜门、推拉门等构件的宽度。

图3-7（b）：测量下臂长能确定抽屉深度、柜体内构造深度。

图3-7（c）：测量肘部高能确定台柜、栏杆的高度。

3.3 室内空间与尺寸设计

3.3.1 室内空间与人的行为

人体尺寸关系到室内设计的各个方面，室内设计应当以人的行为为依据，运用人体测量方法，研究人体结构功能、心理、力学等方面内容，与室内空间之间保持协调关系，最终满足人在室内空间中的活动要求。

室内设计是室内各种因素的综合设计，人的行为只是其中的主要因素。行为与室内空间设计之间的关系主要表现为以下几个方面（图3-8）。

1. 大空间

大空间主要指公共行为的空间，如体育馆、观众厅、大礼堂、大型商场、大餐厅、营业厅等，特点是要处理好人际行为关系。在这个空间内，个人空间基本是等距离的，空间感具有开放性（图3-9）。

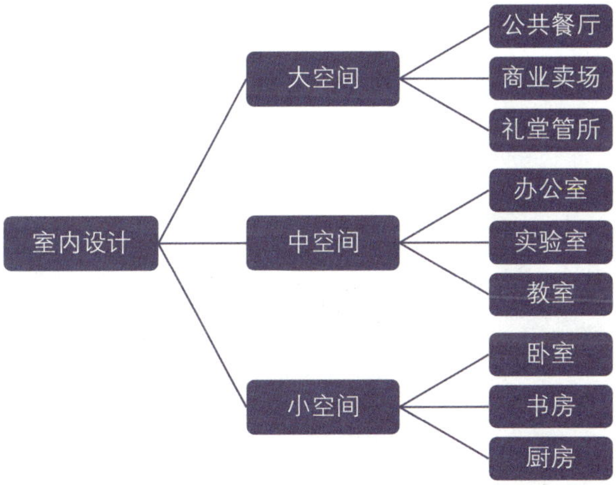

图 3-8　室内空间分类

图3-8：确定空间尺寸主要根据室内环境的行为表现，室内空间可分为大空间、中空间、小空间及局部空间等不同行为空间，根据人在各个不同空间中所表现出来的行为举止，可以从中发现尺寸与行为之间的关系。

（a）大型商场　　（b）大型餐厅

图 3-9　大空间

图3-9（a）：大型商场中的人流动自由，人员密度小，人的行为没有固定流线。

图3-9（b）：大型餐厅虽然面积大，但是人的密度大，通过整齐摆放的餐桌椅与走道来规范人的流线。

2. 中空间

中空间主要指事务行为的空间，如办公室、研究室、教室、实验室等。这类空间既不是单一的个人空间，也不是相互没有联系的公共空间，而是少数人由于某种关系聚合在一起的行为空间。这类空间既有开放性，又有私密性（图3-10）。

3. 小空间

小空间是指具有较强个人行为的空间，如卧室、酒店客房、经理室、档案室、资料库等。这类空间最大特点是具有较强的私密性。这类空间尺度较小，主要满足个人的行为活动要求（图3-11）。

（a）办公室

（b）教室

图 3-10　中空间

图3-10（a）：办公室为了提高工作效率，对空间进行局部划分，分出多个虚拟小空间营造出静谧的工作环境。

图3-10（b）：教室可以根据需要划分为大小不同的空间，灵活性很强，大多数教室属于中空间，限定人数同时也规范了人在教室中的行为，以坐姿为主保持小范围活动。

（a）住宅餐厅

（b）卧室

图 3-11　小空间

图3-11（a）：住宅餐厅仅供家庭与个人活动，人的行为围绕着家具自由活动。

图3-11（b）：卧室活动频率小，室内空间多被家具占据。

3.3.2 尺寸设计决定空间品质

良好的室内空间品质离不开尺寸设计，室内空间尺寸主要包括家具尺寸、人体尺寸，此外空间大小与空间行为习惯，都是决定生活质量的关键因素。以下结合人在室内空间中的行为特征，介绍具有代表性的家具尺寸。

1. 餐桌设计

餐桌长度一般不要小于1200mm，1400～1600mm的餐桌适合两人使用，1600mm或更大餐桌适合三人使用。圆桌面直径可从φ900mm开始递增。常用的圆餐桌规格为φ1200mm，放4～6张椅子比较合适（图3-12）。

2. 沙发设计

沙发是室内空间的必备家具，沙发设计要符合室内空间的整体尺寸。沙发的单人座位宽度、深度均为600～700mm，扶手、靠背宽150mm，坐垫距离地面高度约400mm（图3-13）。

3. 衣柜设计

衣柜深度尺寸小于550mm，可放小件衣物。衣柜深度尺寸为550～650mm，可放季节性衣物。衣柜深度尺寸在650mm以上，可放不常用衣物。

衣柜的下柜高度设计为2100mm，其余全归上柜。如果下柜设计过高，门板容易变形。抽屉

（a）矩形餐桌

（b）圆形餐桌

图3-12 餐桌

图3-12（a）：长度达1800mm的餐桌可围绕坐8人，适用于面积较大的餐厅，人在餐厅内的活动不受限制。

图3-12（b）：φ1200mm的圆形餐桌可环绕摆放6张椅子，但是就餐行为会比较局促，放4张椅子会比较合适。

（a）I形沙发

（b）L形沙发

（c）U形沙发

图3-13 沙发

图3-13（a）：I形沙发最常见，摆放更灵活，适合较小的室内空间使用。沿着墙面摆放能最大程度节省空间，同时又能增加活动范围。

图3-13（b）：L形沙发又称为转角沙发，一般摆放在墙角处，可以选择多个沙发拼接而成，如选择一张三人沙发加上一张单人沙发，组成转角沙发，相比单纯I型沙发更灵活。

图3-13（c）：U形沙发可以使空间更饱满，具有较强的装饰效果，U形沙发还能围合出一定空间，形成虚拟空间。

最高设计到1200mm高处，尤其是老年人使用的抽屉设置高度宜为1000mm，单个抽屉的高度为150～200mm，宽度为400～800mm。如果采用2扇推拉门，抽屉就不能设计在门扇交错的部位，是3扇推拉门就不能设计在三分之一或三分之二位置，否则抽屉会被推拉门压住而打不开，如果是4扇及以上的推拉门就不用考虑位置（图3-14）。

衣柜层板的间距为400～500mm，太大或太小都不利于放置衣物。衣柜内净空深度为530～630mm。长衣区设计高度不低于1300mm，否则衣物容易拖到柜底。挂衣杆安装深度位置要以衣柜内部实际进深尺度取中，且距离上部的层板应当保持50～60mm距离。

4. 橱柜设计

橱柜的通用尺寸为：吊柜高700mm、深300mm，地柜高800mm、深550mm，吊柜、地柜之间700mm，这套尺寸适用于大多数厨房空间，还可以根据使用者的实际情况进行调整，因为每个人的身高不同，进行操作的尺寸要求也不相同（图3-15）。

5. 浴室柜设计

浴室柜是卫浴空间的主要收纳工具，它不仅要具备强大的防水功能，还要时尚美观，应当根据不同边角尺寸的细微差距，规划出不同的功能区域，合理利用所有死角，获得更多的动线空间。浴

（a）推拉门衣柜

（b）无门衣柜

图3-14（a）：推拉门衣柜净空深度多为550mm，整体深度600mm，其中有50mm要留给推拉门滑轨厚度。

图3-14（b）：无门衣柜深度多为500～600mm，根据室内空间具体尺寸确定。

图 3-14　衣柜

（a）I形橱柜

（b）L形橱柜

（c）U形橱柜

图 3-15　橱柜

图3-15（a）：很多中小型厨房会选择I形橱柜，能合理利用厨房墙体面积。I形橱柜宽度多为550mm，过宽的橱柜会占据更多空间。

图3-15（b）：L形橱柜能让有限厨房空间得到最大化利用，无论转身还是储物都非常方便。

图3-15（c）：U形橱柜适用于面积更大的厨房，U形橱柜能将厨房独立分离开来，能够感受到来自空间的围合感与便利性。

室柜的主柜高度为800～850mm（包含面盆的高度），长为800～1000mm（包括镜柜在内），宽为450～500mm。过于窄小的厕所空间需要避免空间浪费，所有家具围绕入门动线环绕展开安放，门的开向尽量避开使用频繁的洗手台和坐便器区域（图3-16）。

（a）住宅卫生间浴室柜

（b）公共卫生间浴室柜

图 3-16　浴室柜

图3-16（a）：住宅浴室柜设计位置自由多变，与侧墙可保留300mm间距，方便洗浴动作舒展。

图3-16（b）：公共卫生间浴室柜开阔，可设计双位或多位，每位中心的横向距离为700mm以上。

表 3-1　室内常用家具设计尺寸　（单位：mm）

空间	家具名称	宽度	深度	高度
厨房	地柜	600～2400	500～800	850
	吊柜	600～1800	300～350	底部高度 1500～1600
餐厅	餐桌	750～1650	750～790	600～800
	餐椅	450～500	450～500	400～610
	吧台	900～1200	900～1050	500
客厅	沙发	650～1850	650～900	550～700
	电视柜	1200～2400	300～350	450～600
	茶几	900～1500	400～600	380～500
卧室	衣柜	800～2400	600	1800～2800
	移门	600～1200	30～60	1800～2800
	挂衣杆	500～900	合理均分即可	上层板距离为 40～60
	床	1000～2000	2000～2200	400～550
	床头柜	500～550	550	500～650
	梳妆台	600～900	400～500	760
	书柜	600～1200	250～400	格层高 > 220
卫生间	浴缸	600～800	700 × 1600	420～500
	淋浴房	不低于 900 × 900		花洒高度 2100

3.4 人的活动特征

室内活动空间主要指人体功能尺寸的空间，空间大小主要取决于人的活动范围。人在站立、坐、卧、跪时，其空间要满足人的静态活动要求，这时需求空间较小。人在室内走、跑、跳、爬时，其空间要满足人的动态活动要求，这时空间尺度需求会上升。

3.4.1 位置

位置即人所在或所占的地方，在室内空间中，人在不同的环境中活动均会产生空间位置与心理距离等。

1. 确定人的活动空间

根据人体活动所需要的尺寸数据进行评估，考虑人的高度、运动所需范围、心理空间与人际交往空间等，确定各种不同空间所需要的面积，进行更合理的空间划分（图3-17）。

2. 确定家具造型

家具设施设计的初衷是为人所使用，家具是室内空间的主体，具有合适的形体与尺度才能科学地服务于人，使人的活动更加舒适、安逸地停留在空间内。避免不合理的家具布置与尺寸设计，例如，对于较方正的小面积儿童房可以将家具靠墙放置，床设计为上下两层，家具不设开门，将更多空间集中在中央用于活动（图3-18）。

3. 提供最佳的物理参数

室内物理环境主要包括室内热环境、光环境、声环境等。室内空间设计需要获得这些数据，在设计时才能作出正确决策，人体尺寸的考虑是好的空间环境设计不可或缺的一部分，可以提高室内空间的舒适性，满足人的活动需求（图3-19）。

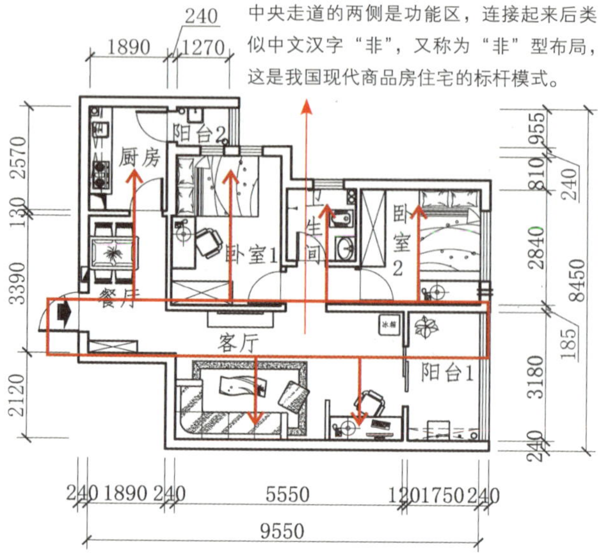

图 3-17　住宅活动空间

图3-17：室内各个空间的大小、布局、面积、功能都有所不同，根据各个房间的功能及用途，对空间进行合理的划分，使得整个空间符合人体活动要求。

图 3-18　满足儿童活动要求的家具

图3-18：家具形体丰富，便于儿童在室内空间学习、娱乐、睡眠，兼顾储藏。

图 3-19　满足老年人生活需求的房间

图3-19：卧室光照充足，升温快，为老年人室内活动提供了安静、温暖的空间。

3.4.2　活动范围与效率

人在室内的各种活动所占时间不同，花费的能量与效率也是不同的。以家庭生活为例，一个人一天在家中的活动，休息活动所占时间最长，约占60%；起居活动所占时间次之，约占30%；家务等活动所占时间最少，约占10%。通过人体尺寸分析，家庭活动时间与活动范围具有一定关联性，设计时应当使人们在活动时间最长的空间内提高效率（图3-20～图3-22）。

图 3-20　学习空间

图3-20：学习空间要考虑人体尺度，书桌与书架之间的尺寸关系要密切，塑造出舒适的工作、学习环境。

图 3-21　厨房操作空间

图3-21：厨房操作空间尺寸要符合人体尺度，这样使用者也不会在操作时受到伤害，操作的疲劳感也会降低。

（a）沙发

（b）坐凳

图 3-22　沙发、椅凳类家具

图3-22：沙发、椅凳类的家具在设计时要符合人们端坐时的形态特征和生理要求。这些都属于支承型家具，它的设计基准点是人保持坐姿时的坐骨结节。因此，可以根据这些基准点来确定椅子的前后、左右、上下几个方向的功能尺寸。此外，椅子在设计时要考虑舒适性、美观性、实用性。

3.5 人体工程学的影响

3.5.1 光环境影响

在人所获得的信息中，有90%是由光引起的，人体工程学中光对人产生较大视觉影响。室内采光分为天然采光与人工照明（图3-23、图3-24）。

1. 天然采光

天然采光对视觉健康大有裨益，需要预留相当尺寸的门窗洞口，获得充足的采光，同时也是节约能源的照明方式。

2. 人工照明

这种照明方式是利用各种人造光源的特性，通过灯具造型设计和分布设计，形成特定的人工光环境。室内光照环境应保证适宜的亮度分布，被观察物体的亮度达到相邻环境的3倍时，视觉清晰度将显著提高。

3.5.2 声环境影响

室内声环境能影响人的听觉，声环境设计的首要任务是规避噪声干扰，可采用具有消音隔声功能的楼板、门窗，也可以用吸声板作室内墙面。除此之外，不同的室内空间对声环境的要求也不同（图3-25、图3-26）。在具体设计时要考虑到室内空间的形体等多种因素，并要根据不同功能要求，采取合理的处理方法，来有效避免回声以及声聚焦等多种缺陷。

3.5.3 空间布置影响

空间布置影响到人的心理感知，家具、设施的形态、布置是否符合人体工程学要求，会直接影响我们的生活质量（图3-27、图3-28）。

图 3-23　天然采光

图3-23：不同窗型所获取的采光量不同，侧窗窗型越宽，视野越开阔，窗型越高，光照进深越大。

图 3-24　人工照明

图3-24：使用人工照明时照度分布要符合人体工程学要求，在工作区域内，照明均匀度不宜低于0.7，非工作区的照度则应低于工作区的照度。

图3-25 教室

图3-25：教室、演讲厅等室内空间要求各处有良好的语音清晰度，可通过音频设备或者顶棚造型来调节室内声环境。

图3-26 音乐厅

图3-26：在音乐厅等室内空间能获得优美的音质，是因为演奏区是一个硕大的矩形空间，声音犹如从空腔音响中向观众席传播，避免了不必要的回声。

图3-27 壁橱

图3-28 餐桌、椅

图3-27：壁橱在设计时首先要按照人机工程学的原则，根据人操作时可及范围来布置，或根据物品的使用频度来设计不同的存储区域。

图3-28：为了获取更好的用餐体验，餐桌面必须保证每人至少有600mm的手肘空间，桌面与膝盖间保持100～200mm间隔。

补充要点

感知与个人空间

在日常交往中，人际距离大致可以分为以下四种。

1. 亲密距离。通常保持这种关系的两人间距为450mm之内。
2. 个人距离。能使一个人具有安全感的距离，为450～1200mm。
3. 社交距离。进行商务交谈时保持的恰当距离，为1200～3600mm。
4. 公共距离。与陌生人交谈时的距离，为3600mm以上。

3.6 案例解析：人体工程学空间设计

3.6.1 家居住宅设计

这套设计方案为比较典型的家居住宅设计，从原始户型平面图中可以看出，开发商在设计时主要考虑到房子的整体布局，设计师在空间设计时则需要考虑到业主的生活需求（图3-29）。

— 补充要点 —

拆墙与补墙

在设计过程中，设计师经常会根据设计需要改造室内空间原有的布局，这就不可避免地涉及原建筑墙体的拆除和重建。

1. 拆墙。确定拆除部位，做好标识后才能进行拆墙施工。拆墙不能破坏承重结构、不能破坏外墙面、不能损坏楼下或隔壁墙体的成品。需堵塞地漏、排水口，并做好现场成品保护，避免拆除施工时碎石等物掉入管道堵塞管道以及损坏现场成品。

2. 补墙。室内隔墙有砖墙和石膏板隔墙两种，其中石膏板隔墙属于木工的施工范畴。首先，根据图纸放样，在墙面画线；其次，利用线锥挂好垂直线及平面线，定直角，这样才能保证砌墙横平竖直。

将卧室与客厅之间的非承重墙进行拆除，扩大空间的储存功能。可拆除的墙体厚度一般为120～240mm。

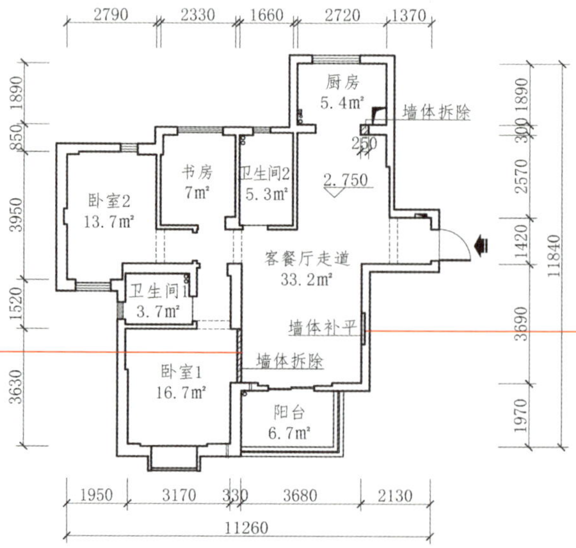

将墙面做补平处理，保证整面墙体的完整、美观性，这类凹缺深度一般为120mm。

（a）原始平面图

图 3-29　家居住宅设计

考虑到只有两间卧室，在设计书房时，采用了榻榻米与书柜、书桌相结合的设计形式，高450mm与宽1200mm的榻榻米也正好适合小憩与正常休息。

卧室2面积只有13.7m²，面积有限，要兼顾睡眠、储物及写作业等功能，设计时在满足使用功能的前提下，要保证人体在通行时不会受到阻碍。

拆除了客厅与卧室之间1660m宽的隔墙后，整个格局被打通，在原有的基础上做了与墙面等宽的储物柜，增加了家庭的储物量。

U形厨柜在最大程度上让厨房的操作空间更强大，满足日常的洗涤、烹饪等操作，与冰箱成三角关系，形成最为方便的厨房行走路线。

鞋柜+入户玄关，选择了靠墙设计，1200m的宽度与到顶设计，足够一家人日常的鞋子存放，同时也能收纳小的物件。

将洗衣机搬到了阳台，方便洗衣、晾晒等一系列的操作，又让卫浴空间显得不那么拥挤。

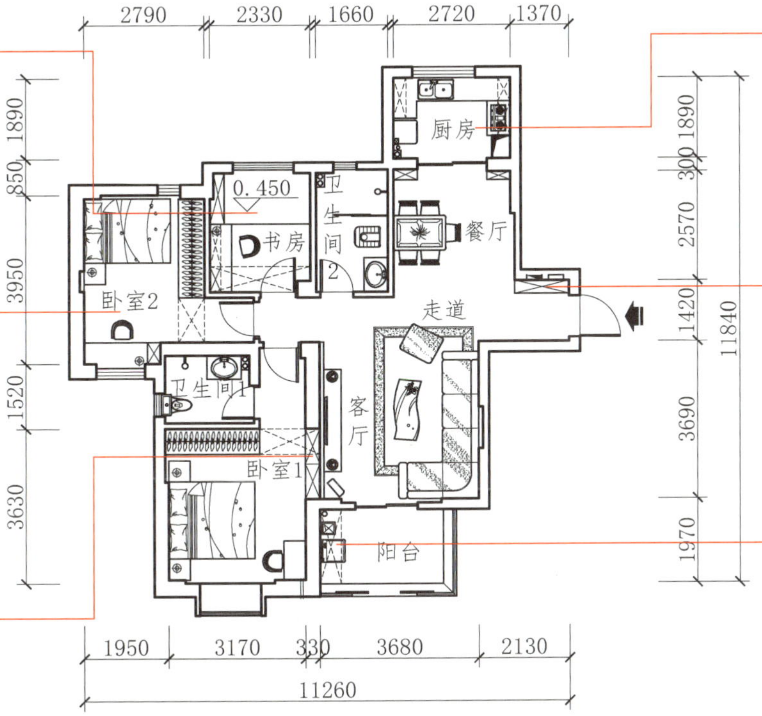

（b）住宅原始平面图

背景墙结构上边缘距离地面2150mm，距离吊顶400mm。

曲线形的造型，柔化整个空间的棱角。

背景墙两侧预留450mm的间隙，刚好放置柜式空调。

背景墙墙板的圆弧半径分别为320mm、450mm、400mm、200mm。

插座距离地面600mm，放上电视后刚好盖住插座，不会显得杂乱。

电视柜高度距离地面300mm。

（c）电视背景墙

图 3-29　家居住宅设计（续）

图3-29（a）：原始平面图布局基本合理，但是单体空间较小，需要拓展空间，提高空间的整体感，可以拆除并补平部分墙体。

图3-29（b）：平面布置的合理性与创新性，是设计师进行空间设计的基础。如果在平面设计中有明显的尺寸问题，入住后业主将会面临更多的关于人体与尺寸不协调的问题，平面图上的数据直接关系到业主以后的生活质量。

图3-29（c）：客厅层高仅有2750mm，背景墙只做了简单的艺术处理，简约的线条与灯光设计，满足日常生活中的使用功能与审美性要求。

厨房顶面做了简单的300mm×300mm的铝扣板吊顶设计，有防火、防腐、抗静电等作用。

卫浴顶面采用300mm× 300mm的新型铝扣板吊顶，在吊顶内预留取暖，方便后期灯具安装与维修。

客厅走道以6个矩形灯槽一直延伸到次卧门前。

卧室采用的是70mm宽的石膏线条吊顶，美化天花的缝隙。

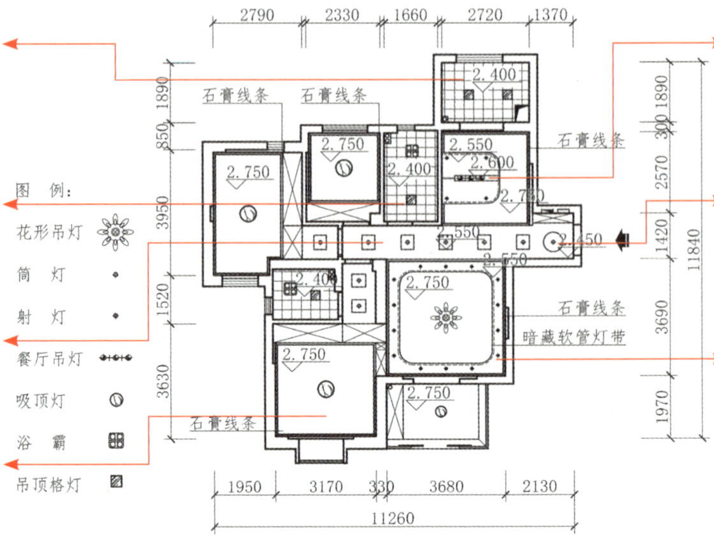

根据餐桌的摆放设计，在餐厅做了局部的弧形吊顶设计，圆弧半径300mm。

入户玄关局部吊顶设计，直径600mm，增强玄关的装饰性。

客厅采用了四边形吊顶，吊顶宽度为400mm，圆弧半径400mm。

（d）吊顶与灯光设计

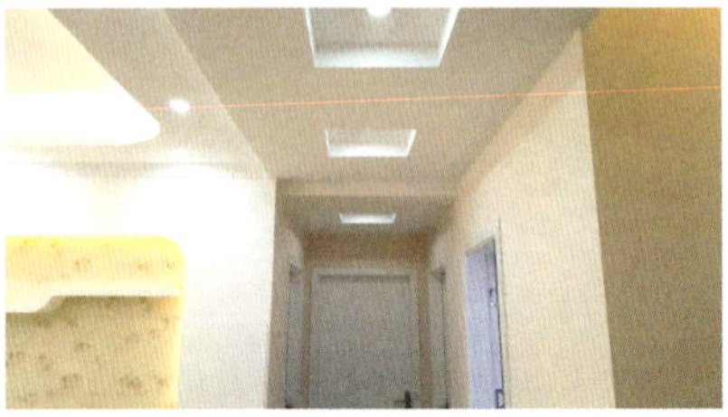

（e）客厅与走道吊顶

（f）卧室吊顶

（g）卫生间吊顶

（h）书房榻榻米

（i）书房柜体

图 3-29　家居住宅设计（续）

图3-29（d）：吊顶设计是室内设计中较为烦琐的环节，吊顶要起到遮掩梁柱、管线，隔热、隔音等作用，吊顶造型设计精彩多变，每一种都能创造出不同的装饰效果。

图3-29（e）：走道吊顶将客厅与餐厅在视觉上进行了分隔，也为走道提供了充足的照明，使空间更具有延伸感。

图3-29（f）：卧室使用石膏线条吊顶不会降低楼层的净高，不会让居住在其中的人感到压抑。

图3-29（g）：浴室采用防水防潮的铝扣板吊顶，因浴室长期存在水汽，石膏板、木质吊顶不适合用在浴室。

图3-29（h）：1200mm宽、2000mm长的榻榻米床足够一个成年人用来睡觉，床下方的抽屉可以用来储物。

图3-29（i）：考虑到储物空间较少，榻榻米与书桌的上方做了储物柜设计，中部镂空设计成书架。

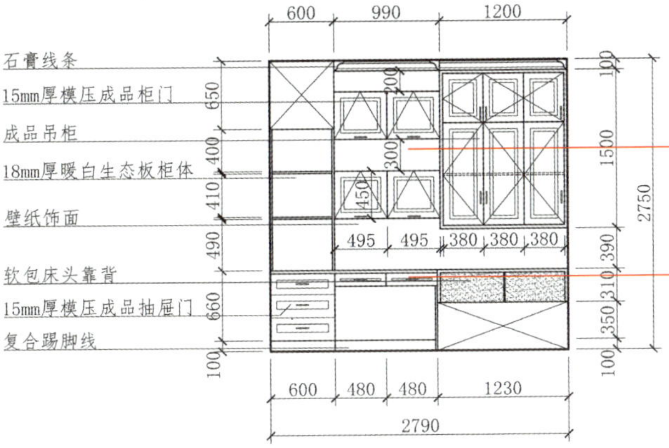

书柜上的搁板高度不低于300mm，要能竖着放下一本杂志。

最薄的抽屉高度应当不低于120mm，否则无法合理存放物品。

（j）书房柜体立面图

（k）厨房低柜

（l）厨房吊柜

橱柜低柜高800mm，与人体腰部高度相近，确切的高度应当是人体高度的50%＋50mm。

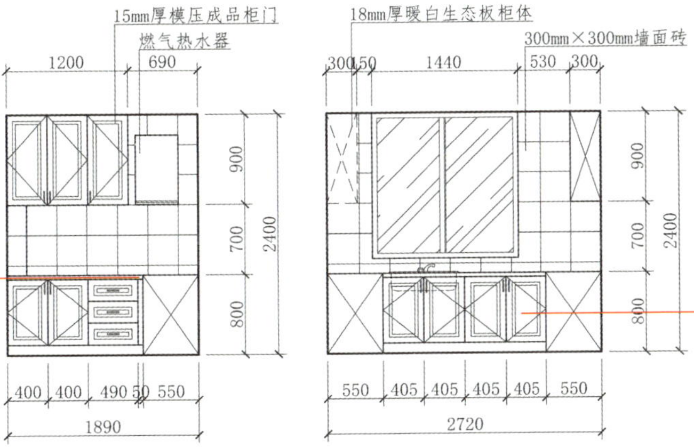

橱柜的柜门宽度一般为400mm左右，高度应当小于900mm，否则面积过大容易导致变形。

（m）厨房橱柜立面图

图 3-29　家居住宅设计（续）

图3-29（j）：7m²的书房空间，既要满足日常的阅读、学习需要，还需要具备偶尔接待客人入住的功能。从书房的立面图来看，榻榻米床面高450mm，刚好符合人体坐下来的最佳尺寸，书桌高760mm，可以满足人在坐姿时使用。

图3-29（k）：橱柜抽屉与柜门结合设计，可以使厨房的收纳空间更加多样化。低柜高度为800mm，其中踢脚板高100mm，台面宽度为550mm。

图3-29（l）：吊柜下部距离地面1650mm，吊柜与低柜之间为700mm，这个高度能合理放下各种挂件与小家电设备。

图3-29（m）：一日三餐离不开厨房，厨房是每个家庭的装修必备，而橱柜是厨房设计的重点，橱柜材质使用寿命能达到10年以上。装修后不会再做其他的改动，一旦尺寸设计不合理，问题将一直伴随下去。

3.6.2　餐厅改造设计

本设计项目在旧餐厅的基础上，打造一个全新的、能反映原建筑的历史文脉的百年老店，使其成为不仅具有叙事性故事，还能公开展示主厨的烹饪过程的餐饮空间。

餐厅入口和过渡区域摆放了一系列用过百年以上的餐具和有百年历史的老照片，以及符合人体工程学的家具。用餐区的桌子都被放置在主厨的操作吧台前，玻璃屋顶覆盖有大量黑色橡木条，自然光可透过屋顶的缝隙散落在餐厅的各个角落。在餐厅的外立面基础和瞭望塔还围合出一个可用于小型活动的会议室，功能性很强。

透过灰色烟熏玻璃便可看到酒窖的走廊，哥特式的拱门被放置在灯具前方，与戏剧性的开口、天窗共同主导着餐厅格局，同时也让地下室全天都拥有充足的自然光。为了寻求良好的视听环境，餐桌沿着外围布置，中央只留下一个能够支持厨师制作主菜的操作台。聚光灯可根据需要照亮不同的桌子，天井的光散漫地投射进餐厅，照亮横跨整个空间的历史展示墙上，形成良好的氛围（图3-30）。

（a）总平面图

图 3-30　餐厅设计

图3-30（a）：餐厅室内空间分布服务于历史元素，沉稳的绿色也能将客人包裹在柔缓而幽静的氛围中。

图3-30（b）：餐厅入口处灯光明亮，同时空间所选用的暖灰色也与白光形成对比，过渡区域均匀分布的灯具也使得不同空间之间的过渡更加自然。

图3-30（c）：良好的采光可通过自然照明和人工照明结合的方式获取，能有效减少能耗，同时也能营造符合餐厅氛围的光环境。

（b）餐厅入口和过渡区域

（c）良好采光

图 3-30　餐厅设计（续）

图3-30（d）：餐厅顶棚造型在墙面上形成了倾斜长条状光斑，这些光斑与墙面装饰画彼此映衬，能给人带来神秘的感觉，也颇具艺术美感。

图3-30（e）：餐厅追求高雅的格调，室内所运用的材料、色彩以及声环境、光环境等都要能很好地烘托餐厅舒适及雅致的氛围。

图3-30（f）：展示吧台与餐厅整体风格统一，其设计又有着独特的魅力，吧台与其他空间过渡的拱形石洞也很有特点。

图3-30（g）：餐厅整体墙面为灰色，将瓦伦西亚陶瓷饰品悬挂在空间，以古老元素做装饰，达到现代与传统的平衡。

（d）光影细部

（e）餐厅氛围

（f）展示吧台

（g）餐厅主体墙面

本章小结

室内设计中运用人体工程学的目的是创造出安全、高效、舒适的环境，并取得最佳的使用效能，这要求设计师能够将人的基本尺度与心理特征、生活特征、工作特征、运动特征相结合，统筹人体工程学知识并运用于室内设计中，以寻求室内环境与人的和谐关系。

课后练习

1. 人体工程学有哪些具体分支?
2. 简述人体工程学的含义。
3. 如何进行人体尺寸测量?
4. 人体动作域是指人们在室内各种工作和生活活动范围的大小，查找相关资料，简述其与人体工程学的联系。
5. 人体工程学在室内设计中主要应用在哪些方面?
6. 人体工程学对室内设计观念有什么影响?
7. 考察现代商业空间与文化空间，比较这两类空间的室内布局形态异同，分析人在这两种空间内活动时的思想状态与行为特征。
8. 现场考察一家餐厅，对餐厅的一角或某局部空间进行改造，设计为具有中国传统风格或红色主题风格的空间。

第4章
室内色彩设计

识读难度：★★☆☆☆
重点概念：功效、原则、方法、技巧

章节导读

室内色彩设计是室内设计的重要组成部分，将色彩理论知识与室内设计有机结合，巧妙运用色彩表现力，丰富室内设计语言，在美与舒适之间找到平衡点，娴熟运用色彩语言能使有限的室内空间显得更加美观，使室内活动与心理感受更加舒适、和谐（图 4-1）。

图4-1：温馨的色彩主要来源于阳光色，也就是米黄色的运用，搭配与米黄色相近似的白色、木纹色，营造出阳光充裕的视觉效果，给人温暖的心理感受，具有安全感。

图 4-1　色彩温馨的客厅

4.1　室内设计色彩概述

4.1.1　色彩含义

色彩是以光为媒体的一种视觉感受，是人在接受光的刺激后，视网膜的感受传送到大脑中枢而产生的信息认知。能被人感知的色彩波长为380~780nm，主要包含视觉神经能够感知到的色彩现象，即色光色与颜料色（图4-2）。

图4-2（a）：色光三原色又称加法三原色，由红光、绿光、蓝光三种色光构成，三者等量混合可以获得白光，应用在电视、电脑等影视图像中。

图4-2（b）：颜料三原色又称减法三原色，由品红、黄、蓝三种颜色组成，将其以不同比例相混合可以得到所有的颜色，等量相加则为黑色，色彩主要是指颜料色。

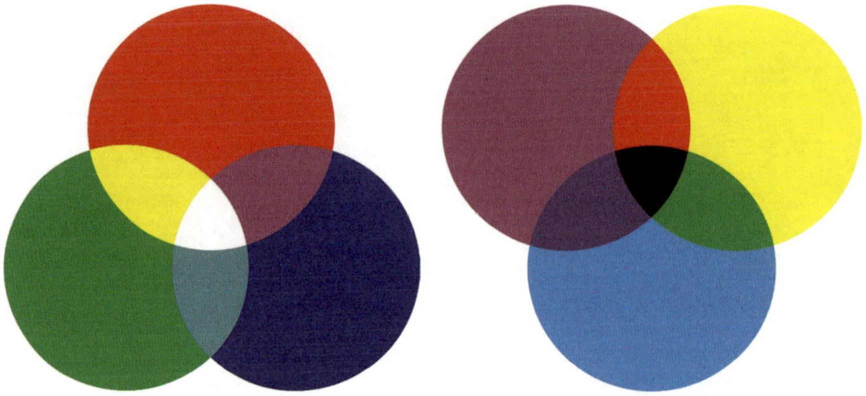

（a）色光三原色　　（b）颜料三原色

图 4-2　色彩种类

— 补充要点 —

原色、间色和复色

1. 原色。红、黄、蓝三种颜色无法用其他任何颜色调配而成，故称为原色。

2. 间色。指两个原色相混合所产生的颜色，如橙、绿、紫（红＋黄＝橙、黄＋蓝＝绿、红＋蓝＝紫）。

3. 复色。复色是由三种原色或两种间色按不同比例混合调配出来的各种不同颜色，如蓝灰、黄灰、绿灰等。

4.1.2　色彩基本属性

色彩通常用三种属性来描述：色相、明度、纯度（也称为饱和度），也被称为色彩三要素。

1. 色相

色相是指红、橙、黄、绿、青、蓝、紫等各种颜色的相貌。色相是色彩的首要特征，由原色、间色和复色构成，除了黑、白、灰之外，任何颜色都有色相的属性。

（1）色相环。色相环是一种圆环排列的色相光谱，色彩是按照光谱在自然界中出现的顺序来排列的：红、橙红、黄橙、黄、黄绿、绿、绿蓝、蓝绿、蓝、蓝紫、紫。暖色位于包含红色和黄色在内的半圆范围之内，冷色则在包含蓝绿色和紫色的半圆范围内，互补色出现在相对立的位置上。常见的色相环分为12色与24色（图4-3）。此外，色彩还可以分为有彩色和无彩色，色相环中的色彩就属于有彩色（图4-4）。

（2）色相对比。色相环上任何两种颜色或多种颜色并置在一起时，能呈现出色相差异，从而形成色彩对比感觉，称之为色相对比。根据色相对比的强弱程度可分为：同一色相（色相环上的色相距离角度是0°）；邻近色相（色相环上的色相距离角度为15°～30°）；类似色相（色相环上的色相距离角度为30°～60°）；中差色相（色相环上的色相距离角度为60°～90°）；对比色相（色相环上的色相

图4-3（a）：12色相环包含人能轻松识别的色彩品种，每种颜色能轻松识别，快速应用于各种室内色彩中。

图4-3（b）：24色相环中相邻色相之间的对比较弱，但是能为室内设计提供更丰富的色彩品种，大多数室内设计作品，都能从24色中找到相对应的有彩色主色调。

（a）12色相环

（b）24色相环

图 4-3　色相环

图4-4：无彩色就是黑与白，以及不同程度的灰，这种色彩可以与任一颜色搭配。

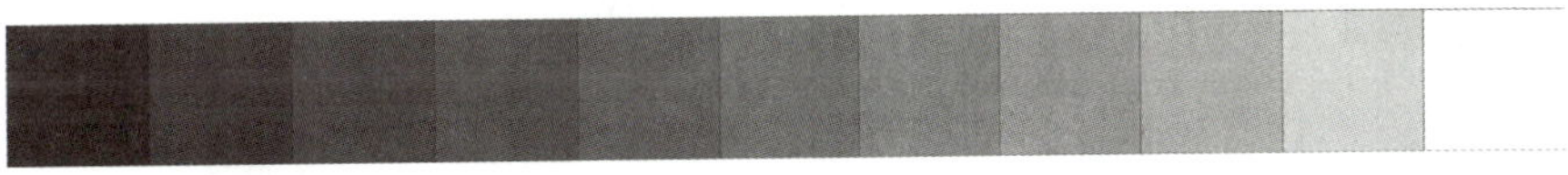

图 4-4　无彩色

距离角度为90°~120°）；补色相（色相环上的色相距离角度为180°）；全彩色相（色相环360°，含明度、纯度、冷暖）。

（3）冷色、暖色与无彩色。选择冷色或暖色作为基调可以很容易掌握室内空间的环境氛围，绿色与紫红色属于中性色，中性色一侧为冷色，另一侧为暖色。黑、白、灰属于无彩色，也被称为极色，黑、白、灰只有明度，没有纯度和色相。黑、白、灰属于无色彩系统中性色，一般指物体的亮面、灰面、暗面三大面，其实就是指物体整体受光的明亮程度。黑、白、灰属于很经典的基本色调，被广泛应用在简约风格的室内装饰中（图4-5）。

2. 明度

色彩的明度是指色彩的明亮程度。高明度的色彩让人感到活泼、轻快，低明度的色彩则会给人沉稳、厚重的感觉。明度差较小的色彩搭配在一起，可塑造出优雅、自然的空间氛围，使人感到温馨、舒适；明度差较大的色彩搭配在一起，则会产生活力、明快的空间氛围（图4-6）。

3. 纯度

纯度（也称为饱和度）是指色彩的鲜艳度。一种颜色的鲜艳度取决于这一色相发射光的单一程度，人的肉眼能辨别的有单色光特征的色，都具有一定的鲜艳度。一般越鲜艳的颜色纯度越高，而纯度的强弱则是指色相感觉明确或含糊的程度，在高纯度的颜色中加入无彩色，不论是提高明度还是降低明度，都会降低它们的纯度（图4-7）。

（a）色相环冷暖

（b）暖色调的配色

图4-5（a）：暖色位于包含红色和黄色在内的半圆之内，冷色则在包含蓝绿色和紫色的半圆内，互补色则出现在彼此相对的位置上。

图4-5（b）：红色的地毯、浅黄色的墙面与原木色的地板，形成了强烈的对比，加以米色系的床具和家纺，塑造出了温馨的氛围。

图4-5（c）：以深蓝色为主色，搭配了深绿色与浅褐色，并以白色作为背景色，体现出高雅、清爽的空间氛围。同时，小面积的褐色平衡了空间的冷暖。

图4-5（d）：无彩色黑、白、灰拥有强大的包容性，它们可以与任何色调进行搭配，无彩色搭配可以烘托出强烈的时尚感，个性且经典。

（c）冷色调的配色

（d）无彩色的配色

图 4-5　冷色、暖色与无彩色

（a）明色调

（b）淡色调

（c）暗色调

图 4-6　色彩明度

图4-6（a）：纯色加入少量的白色形成的色调，相较于纯色的热烈，显得更加干净、整洁，但是没有太强的个性，非常大众化。

图4-6（b）：纯色调混入大量的白色形成的色调，适合用来表现柔和、浪漫、甜美的空间氛围。

图4-6（c）：纯色加入黑色形成的色调，纯色的积极感与黑色的力量感相结合，形成威严、厚重的感觉。

（a）高纯度　　　　（b）低纯度

图 4-7　色彩纯度

图4-7（a）：高纯度的配色给人充满活力和热情的感受，能够让人感到兴奋。

图4-7（b）：低纯度的配色给人素雅、安宁的感受，具有低调感。

— 补充要点 —

室内颜色搭配三大技巧

1. 颜色数量不宜过多。室内色彩数量应控制在三种以内，黑色和白色是不计入其中。

2. 根据朝向挑选颜色。不同的窗户朝向给人的感受不同，向东的窗户由于受太阳东升西落的影响，只有早上才能得到太阳的照耀，大部分时间会比较阴沉，因此这类室内空间必须通过浅暖色来改善房间的阴冷感；反之窗户朝西的室内空间应通过冷色系来缓解长时间日晒带来的炎热感。

3. 根据功能用色。室内色彩搭配还能反映出不同空间的使用功能。例如，酒店大厅是等候、洽谈的公共场所，可采用淡黄、象牙白、浅蓝等颜色来凸显轻松自由的氛围。

— 补充要点 —

降低色彩纯度的方法

1. 加入无彩色，即黑、白、灰。纯色混入白色可降低其纯度，提高明度，色彩会变冷，色彩感觉会更加柔和、轻盈、明亮；纯色混合黑色，则会降低纯度与明度，色彩会变暖，会失去原来的光亮感，变得沉稳、安定、深沉；纯色混入灰色，色相会变得浑浊，具有软弱、柔和的效果。

2. 加入一种颜色的补色。加入互补色就等于加入深灰色，色彩会变得毫无生气。

3. 加入其他色。一个纯色加入其他任何有彩色，会使纯色本身的纯度、明度、色相同时发生变化，会使纯色的自身面貌特征发生变化。

4.2 室内设计色彩功效

4.2.1 物理效应

1. 色彩的温度感

在色彩学中，将不同色相的色彩分为暖色、冷色和温色。当仅有某种波长的光刺激作用于视网膜，同时并没有温度刺激作用于皮肤时，常伴随着色觉产生的同时还会出现冷、暖的感觉（图4-8）。暖色系中以橙色为最暖，离橙色越远温度感越低；冷色系中以青色为最冷，离青色越远寒冷感也越弱。相对于冷暖色，如绿色、紫色等可称为温色，以其明度和纯度的高低而产生冷暖变化。

2. 色彩的轻重感

人们对轻重的体验主要是通过触觉，而视觉也参与对重量的感觉。色彩的明度、纯度、色相都能影响色彩的轻重感，而色彩的明度、纯度对其影响最大。如果将同样大小和质量的两块石头分别涂上黑色和白色，人会判断为白色轻、黑色重（图4-9）。此外，重色还能给人以稳重感，室内空间的六个面中，一般从上到下的色序是按由浅到深的顺序设计的，这样能给人以稳定感。

3. 色彩的空间感

色彩的空间感是指色彩远近感。高纯度、高明度的暖色具有向前与扩大的感觉，因此使物体显得大，称为前进色；低纯度、低明度的冷色有后退与收缩的感觉，使物体显得小，称为后退色（图4-10）。

（a）温暖　　　　（b）寒冷

图 4-8　色彩的温度感

图4-8（a）：红色、橙色、橙黄色为暖色，这些颜色会让人想到火、太阳或灼热的金属，能产生温暖的感觉。

图4-8（b）：青色、蓝色、蓝绿色等冷色则会让人联想到水、蓝天、树荫，会给人一种寒冷、凉爽的感觉。

（a）白色

（b）黑色

图 4-9　色彩的轻重感

图4-9（a）：白色属于明色，会形成一种轻飘、上升、轻巧的感觉倾向。

图4-9（b）：黑色属于重色，会形成一种沉重、下降的感觉倾向。

（a）前进色

（b）后退色

图 4-10　色彩的空间感

图4-10（a）：色彩明度、纯度高，具有空间前进感。

图4-10（b）：色彩明度、纯度低，具有空间后退感。

4.2.2　心理效应

1. 色彩的象征意义

色彩在生活中有着丰富的含义和象征，人对不同色彩表现出不同的喜好和情感，这种心理反应常常是由人们的生活经验与色彩联想造成的，和人的性格、修养、年龄、种族、信仰、习惯等也有关。例如，看到红色会联想到太阳、生命之源，从而使人感到崇高伟大，也会联想到鲜血，使人感到不安、血腥、野蛮等。

此外，不同的种族会赋予色彩不同的象征意义，有些色彩的象征性在世界范围内有共同性，也有些色彩的象征性属于特定地域或种族。例如，在中国的用色习惯中，红色象征着喜庆、吉祥、革命，因此在新婚的房子里，多采用红色为主要装饰色（图4-11）。在欧美国家葬礼上黑色象征着死亡和哀伤，而在婚礼上白色则象征着纯洁和幸福（图4-12）。

2. 色彩的心理反应

不同年龄层次、不同职业和不同生活背景的人有不同的色彩心理特征。例如，成年男子多喜爱青色系列，成年女子则喜爱红色系列等。了解室内色彩搭配与人的生理、心理关系是为了使用色彩来营造和谐的室内环境。室内设计可以通过最实惠和最经济的手段来达到目的，甚至改变空间功能。通过色彩的巧妙组合创造出神奇的室内空间（表4-1）。

图 4-11　中国婚房

图4-11：中国婚房会有红色床单、被子、窗帘等，在室内设计中考虑到人长期居住的舒适，婚房的墙壁避免用红色，一般可移动或可替换的物品会用红色装饰。

图 4-12　西方婚礼

图4-12：因地域和风俗差异，在西方婚礼上，婚纱为白色，由于白色能够象征爱情的纯洁与永恒，因此白色婚纱也传递了人们对美满爱情的期望与渴望。

表 4-1　不同色彩的心理反应

色彩名称	色彩	心理反应
红色		强有力、喜庆的色彩，具有刺激效果，容易使人产生冲动
橙色		是一种激奋的色彩，具有轻快、欢欣、热烈、温馨、时尚的效果
黄色		亮度最高，有温暖感，具有快乐、希望、智慧和轻快的个性，使人感觉灿烂辉煌
绿色		介于冷暖色中间，具有和睦、宁静、健康、安全的感觉，和金黄、淡白搭配，优雅、舒适
蓝色		最具凉爽、清新、专业感的色彩，和白色混合能体现柔顺、淡雅、浪漫的气氛，给人平静、理智感
紫色		给人神秘、压迫的感觉
黑色		具有深沉、神秘、寂静、悲哀、压抑的感觉
白色		具有洁白、明快、纯真、整洁的感觉
灰色		具有中庸、平凡、温和、谦让、中立和高雅的感觉

4.3 主题色彩设计

明确主题色不仅能在视觉上产生焦点，而且能让室内空间变得安稳，令人产生安心的感觉。如果主题色的存在感很弱，就会让人产生不安的心理，整体的配色也缺乏稳定感。主题色有强势存在的，也有低调存在的，无论是哪一种，都要通过相应的配色，使其能够得到强化与凸显（图4-13、图4-14）。

4.3.1 提高纯度

要让主题色变得明确，提高主题色的纯度是最直接也是最有效的方式。纯度越高，色彩越鲜艳，也会使整体更加安定（图4-15）。

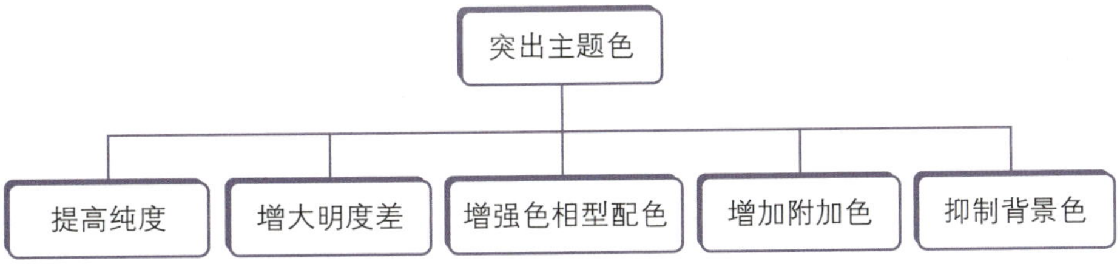

图 4-13　突出主题色方法

图 4-14　主题色

图4-14（a）：橙色的沙发具有足够的强度，能让人一眼就注意到。旁边的落地灯、后面的装饰画以及前面的桌子都是以沙发为核心进行搭配。

图4-14（b）：暖灰色的沙发没有足够强度，但是通过沙发面积和借助其他色彩鲜艳的织物，将视线的焦点引导到沙发上来。

（a）强势主题色　　（b）弱势主题色

图 4-15　提高纯度的效果

图4-15（a）：主题色的存在感较弱，空间氛围比较寂寥，让人产生不安的感觉。

图4-15（b）：主题色是鲜亮的宝蓝色，强而有力，成为空间的视觉中心，安稳舒畅。

（a）低纯度　　（b）高纯度

图 4-16　增大明度差

图4-16（a）：主题色存在感弱。床的颜色与周围色彩的明度没有拉开差距，导致床的存在感比较弱。

图4-16（b）：主题色存在感强。床的颜色与周围色彩的明度差明显增大，能突出床的地位。

（a）明度差异小　　（b）明度差异大

4.3.2　增大明度差

明度就是明暗程度，最高为白色，最低为黑色。任何颜色都有明度值。在都是纯色的情况下，不同的色相，明度都有所不同。例如，黄色的明度最接近白色，紫色的明度与黑色最接近（图4-16）。

4.3.3　增强色相型配色

色相型配色在对比效果上有明显的强弱之分。对比效果最强的是全相型，最弱的是同相型。将两个颜色在色相环上的角度差加大，就能增强对比效果。

同相型与类似型配色内敛封闭，具有柔和、平实的特点，但是主题色的辨识度不高。暖色调的同相型和类似型配色，显得温馨、平淡；冷色调的同相型和类似型则显得冷清、寂静。其他色相型配色色彩之间的对比明确，主题色易被辨识。四角型和全相型的配色，色彩多样，能营造出开放、欢乐的空间氛围（图4-17）。

4.3.4　增加附加色

附加色就是让朴素的主题色变得强势的装饰性颜色，通常附加色的颜色都是比较鲜艳的，常用点

图 4-17　增强色相型配色

图4-17（a）：平淡温和，主题色与背景色的色相差小，整体低调、内敛。

图4-17（b）：活力健康。主题色与背景色的色相差大，形成准对决型配色，具有强力、健康的感觉。

（a）色相差小

（b）色相差大

缀色来增加附加色。对于已经协调好的室内空间配色，加入附加色能让整体更加华美。

附加色的面积要把握准确。附加色如果面积过大，则会成为配角色，改变空间的色相型；小面积的附加色，既能装点主题色，又不会破坏整体的感觉（图4-18）。

4.3.5　抑制背景色

主题色虽然都有一定的强度，但并不是所有的主题色都是纯色或者鲜亮的颜色，主题色为素雅颜色的情况也存在很多。需要对主题色以外的颜色稍微抑制，将主题色凸显出来（图4-19）。

（a）高纯度的色彩

（b）低纯度的色彩

图 4-18　增加附加色

图4-18（a）：明度与纯度相当的情况下，加入附加色突出了床的主体地位。

图4-18（b）：在朴素的床上增添附加色，为原本素雅的环境增添活力。

（a）强势背景色

（b）削弱背景色

图 4-19　抑制背景色

图4-19（a）：背景色强势，压过主题色，且颜色偏冷，令人不安。

图4-19（b）：削弱背景色来衬托主题色，整体空间氛围温馨、自然。

4.4　融合色彩设计

在室内空间配色时，如果没有明确主题色，整个配色设计是趋于融合的。这就与突出型配色方式相反。突出型配色与突出主题色的基本方法一致，采用对色彩属性的改变和控制来达到目的。突出型配色要增强色彩对比，融合型配色则是要削弱色彩对比（图4-20、图4-21）。

4.4.1　靠近色相

当色彩给人太过突兀的感觉时，可以通过减小色相差的方式，使色彩趋于融合，让配色更加稳定。色相差越大，空间越具有活力、动感，色相差越小，空间越平静、稳重（图4-22）。

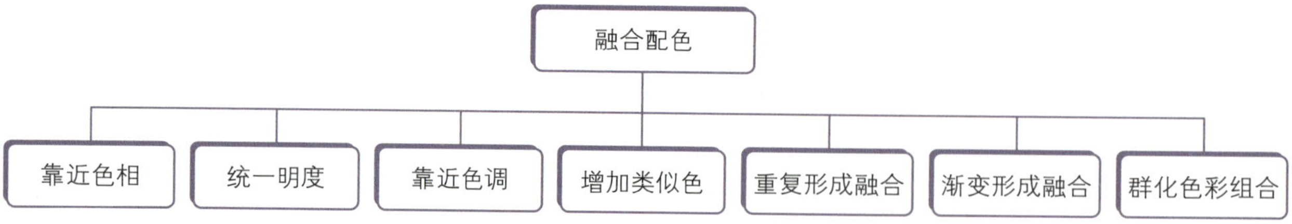

图 4-20　融合配色方法

（a）统一明度

（b）靠近色调

图 4-21 融合配色

图4-21（a）：暖色的沙发与冷色的边柜、茶几虽然是对比色的搭配，但是因为明度相近，体现出融合的感觉。

图4-21（b）：采用米色、土橘色、深咖色等，属于靠近色调，整体的空间氛围趋向于平和、宁静。

（a）色相相差大

（b）色相相差小

图 4-22 靠近色相

图4-22（a）：主题色与背景色的色差增大成为对决型配色，增加了视觉张力，让室内空间具有明显的开放感。

图4-22（b）：中明度色调营造出稳重、温馨的空间氛围，但是单人椅上的配角色，纯度较高、色相差较大，给空间带来一种不安定的感觉。

4.4.2 统一明度

在色相差较大，并且不改变原有色相和原有氛围的情况下，使用明度靠近的方法，能让整体的配色产生一种安定的感觉。在明度差为零且色相差又小的空间中，虽让人感觉平稳，但是会过于乏味。可以通过增大色相差来避免空间氛围单调。明度差与色相差可以配合使用。如果明度差过大，则减小色相差，反之则增大色相差（图4-23）。

4.4.3 靠近色调

相同色调的颜色，可以产生融合的效果。同一色调的颜色搭配在一起，有统一空间氛围的作用。同色调有着很好的相容性，即使色相差比较大，也能营造出统一、协调的空间氛围。在色调相近的情况下，空间氛围容易变得单调。不同的色调组合在一起，可以表现出变化统一的效果（图4-24）。

（a）明度接近

（b）明度对比增强

图 4-23 统一明度

图4-23（a）：在色相差很小的情况下，明度接近，整体的室内效果过于平稳，让人感到乏味。

图4-23（b）：在明度相近的情况下，拉开主题色与背景色的色差，丰富空间的层次，增强空间的活力。

（a）色调对比强烈

（b）色调对比融合

图 4-24 靠近色调

图4-24（a）：冷色调的紫色茶几，与周围温暖橙色格格不入，既有色相对比，又有强烈的色调对比，产生了不安感。

图4-24（b）：将紫色的茶几替换成与周围颜色相同的色相，再调整色调，整个空间氛围和谐、舒畅。

4.4.4　增加类似色

色彩搭配是将两个或两个以上颜色组合在一起。在这两个颜色中，任意加入其中一种颜色的类似色，就能增添空间的整体感，同时还能继续增进融合。如果添加与两种颜色色相不同的颜色，就会强化对比，减弱融合感（图4–25）。

4.4.5　重复形成融合

重复形成融合就是相同的色彩在各个位置上重复出现，达到融合的效果。空间中相同的色彩不仅能够相互呼应，也能够增强整体空间的融合感（图4–26）。

4.4.6　渐变形成融合

渐变就是色彩的逐渐变化，有色相之间的变化，有明度之间的变化，都是按照一定的方向来变化的。渐变能带来节奏感，给人舒适、安稳的感觉。不按照色相、明度、纯度的顺序进行色彩组合，打乱色彩形成穿插的效果，减弱渐变的稳

图 4–25　增加类似色

图4–25（a）：蓝色与黄色的准对决型搭配略显单调、沉闷，加入黄绿色雨伞能融合整个空间。

图4–25（b）：蓝色与橙色的对决型搭配，加入地板棕色与绿化植物，让空间通透起来，氛围和谐。

（a）无类似色

（b）加入类似色

（a）色彩无重复

（b）色彩有重复

图 4–26　重复形成融合

图4–26（a）：黄色的花虽然是点缀色，但是色彩纯度很高，由于没有呼应色，成为强调色，很容易喧宾夺主。

图4–26（b）：将单人椅替换成与花朵同样鲜亮的色彩，让整个区域更具有整体感。

定感，增强配色的活力感，使人感觉生机勃勃（图4-27）。

4.4.7 群化色彩组合

群化是指将相邻色彩进行共通化。将色相、明度、色调等色彩属性中的一部分进行靠拢得到统一，制造出整齐划一的效果。群化一个群组，能与其他色面产生对比，群组内的色彩也会因为统一而产生融合。群化让强调与融合同时发生，相互共存，形成独特的平衡，使得空间配色既具有丰富感，又有协调感（图4-28）。

（a）依次渐变

（b）间隔渐变

图 4-27 渐变形成融合

图4-27（a）：明度从上到下渐变，重心在下方让人感觉十分稳定。

图4-27（b）：明度上下之间产生间隔，让整个空间视觉充满动感。

（a）壁纸底色群化

（b）桌布群化

图 4-28 群化收敛混乱

图4-28（a）：壁纸上的图案给人一种自由自在的感觉，无论图案如何丰富、复杂，只要将底色进行群化，就会使整体产生统一感。

图4-28（b）：餐桌上的桌布相当于背景，将不同颜色的餐具群化成一组，让色彩整体感非常强烈。

4.5　空间色彩设计

4.5.1　住宅空间色彩

住宅空间的色彩搭配就是配色，即将色彩做最好的安排，达到和谐、舒适的效果。可以采取就近原则，也就是从住宅空间的近似色调配色着手学习，以小见大，分析不同的色彩心理，掌握科学的色彩搭配，才能对其他空间进行色彩设计（图4-29～图4-31）。

1. 清爽客厅

（a）客厅

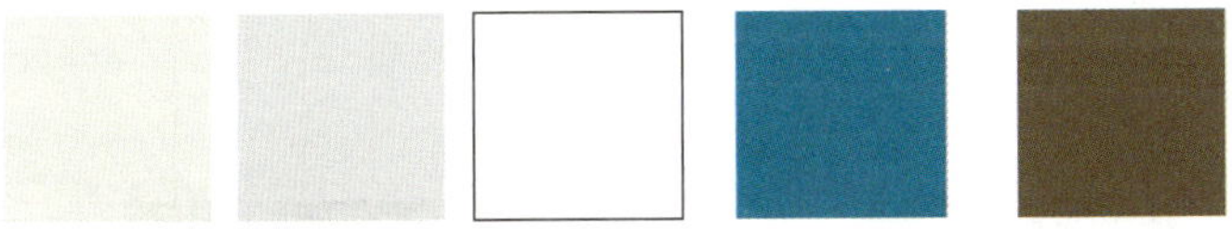

（b）色彩参数

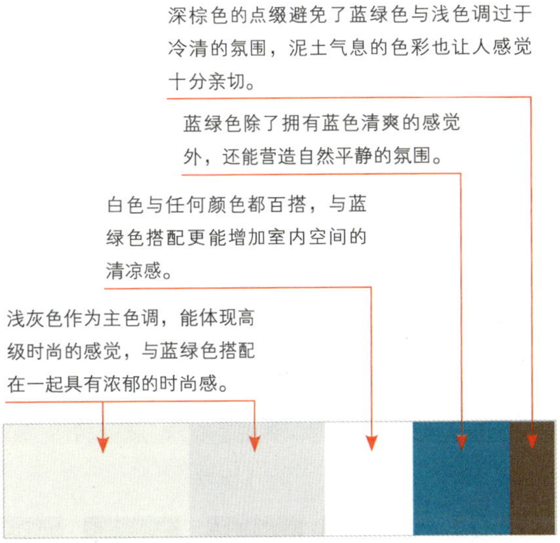

（c）色彩搭配比例

图 4-29　清爽客厅色彩设计

图4-29：蓝色与白色是非常经典的搭配，蓝绿色除了能够增加清爽感之外，还能带来大自然的感觉，令人感觉亲切舒适，为了避免空间氛围过于冷硬，加入深棕色进行点缀。

2. 食欲餐厅

（a）餐厅

C3 M7 Y84 K0　C26 M6 Y15 K0　C36 M43 Y73 K1　C18 M25 Y42 K0　C58 M25 Y95 K1

（b）色彩参数

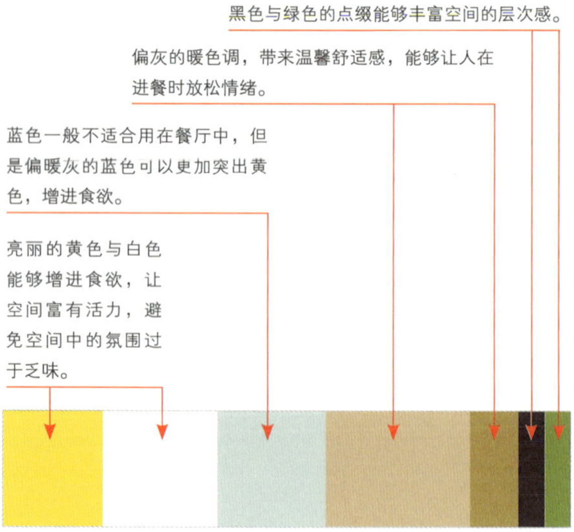

（c）色彩搭配比例

图 4-30　食欲餐厅色彩设计

图4-30：高纯度的黄色、橙色和红色等，这些暖色带有刺激感和欢乐感，在餐厅空间的色彩搭配中，要注意搭配一些纯度低或者明度低的色彩。

3. 温馨卧室

（a）卧室

C31 M53 Y84 K0　C51 M71 Y48 K2　C53 M74 Y97 K11　C73 M87 Y86 K47　C64 M54 Y58 K8

（b）色彩参数

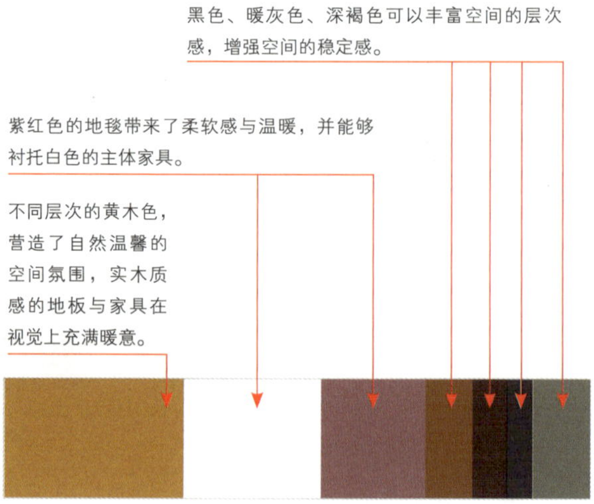

（c）色彩搭配比例

图 4-31　温馨卧室色彩设计

图4-31：温馨是一种兼具温暖、安定和放松感的氛围，在卧室中可以用浅淡的暖色调作为背景色提升温暖感，再用深色进行点缀，增加安定感。棕色与米色系最能够体现出温馨的感觉，给人放松、舒适的感觉，即使是大面积使用，也不会带来压抑感。色彩对比度低，整体的色彩搭配要追求协调感。

4.5.2 公共空间色彩

公共空间的设计强调功能性、实用性、审美性三者兼具。公共空间的不同方位在自然光的作用下会产生冷暖差别，这时就需要通过色彩进行调整。不同场所的色彩各有其特殊的要求，根据使用功能的不同，色彩的选择与搭配也会存在差异（图 4-32～图 4-34）。

1. 办公空间

（a）会议区

（b）工作区

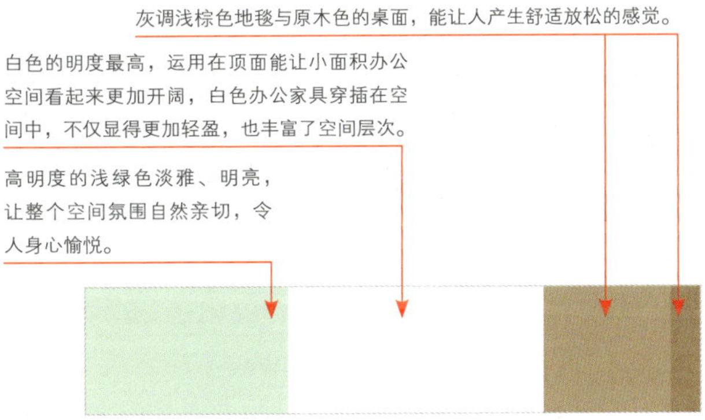

（c）色彩搭配比例

（d）色彩参数

图 4-32　办公空间色彩设计

图4-32：办公空间使用了浅色办公家具，墙面也采用了明度较高的色彩，整体环境舒适，能令人感觉轻松愉快。

2. 餐饮空间

（a）卡座区

（b）就餐区

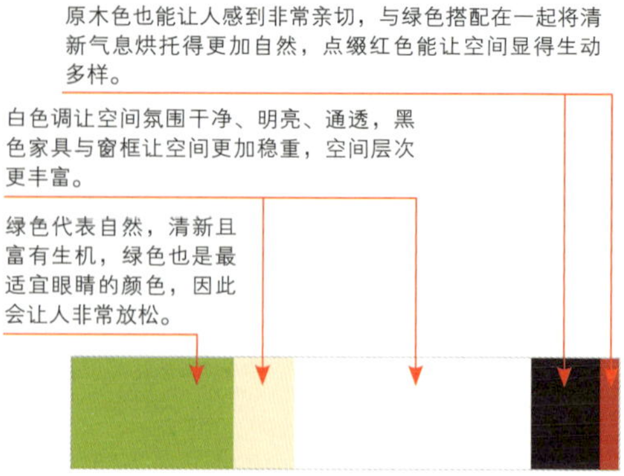

（d）色彩搭配比例

C51 M11 Y96 K0　　C3 M9 Y22 K0　　C18 M98 Y93 K0

（c）色彩参数

图 4-33　餐饮空间色彩设计

图4-33：这是一个极富自然气息的餐饮空间，绿色给人的联想往往是森林、草地，给人亲切、安稳的心理感受，浅色调让整个餐饮空间干净、明亮，玻璃墙面极大增强了与窗外景色的联系，与室内绿色相互呼应。

3. 商业空间

（a）挂架区

（b）陈列区

（c）室内一角

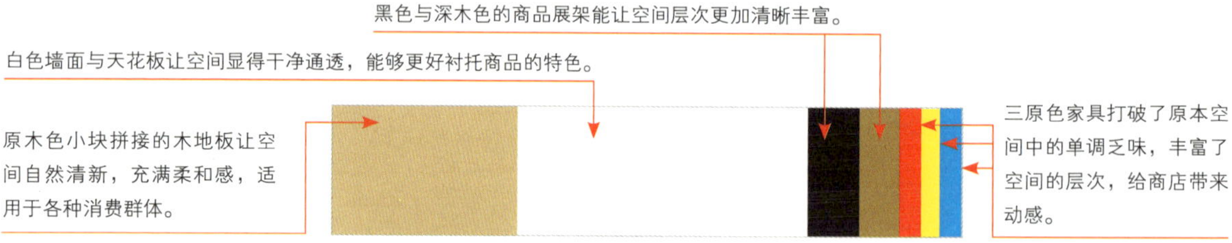

（d）色彩搭配比例

C16 M26 Y56 K0　　C39 M48 Y79 K1　　C0 M100 Y100 K0　　C0 M0 Y100 K0　　C100 M0 Y0 K0

（e）色彩参数

图 4-34　商业空间色彩设计

图4-34：这是一家消费者群体很广的时尚品牌店，由于每个消费者的个性差异，商店采用了“上浅下深”的基本配色原则，同时还添加三原色家具让整个商业空间的色彩层次更加丰富。

4.6　案例解析：酒吧色彩搭配设计

这间酒吧将传统的西班牙风格色调和现代图案巧妙并置，为顾客创造了宾至如归的舒适假日空间。顾客能立刻感受到室内空间的友善、热情和活力。

室内设计风格与传统的地中海式餐厅有异曲同工之处，酒吧内使用暖色的橡木板、倾斜的镜子、复古的木质造型轮廓、青铜栏杆和现代地板，使空间内产生一种奢华的视觉感受，给空间带来了审美的平衡感（图4-35）。

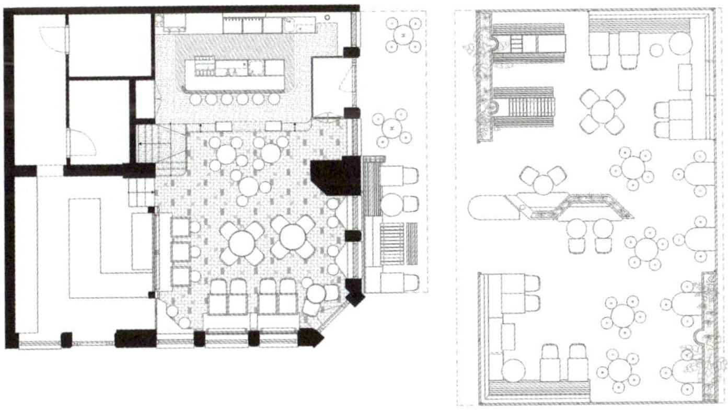

（a）平面图

（b）酒吧外部空间

（c）室内入口

（d）就餐桌椅

（e）吧椅

图 4-35　La Cerveceria 酒吧色彩搭配设计

图4-35（a）：平面图清晰展现了酒吧内部全部功能分区，各分区之间间距合理，行走通道流畅。

图4-35（b）：酒吧外部空间设有蓝色遮阳棚，与红色的餐椅形成醒目的色彩对比，这与酒吧内部风格匹配度很高。

图4-35（c）：室内入口设置有就餐区，此处灯光较柔和，以暖色灯光为主，营造的氛围令人感到十分舒适。

图4-35（d）：就餐桌椅摆放在图形化瓷砖地板上，由不同高度的座椅、圆桌、方桌组成，就餐区的木质家具、玻璃隔断、吧台处隔断能形成色彩对比。

图4-35（e）：就餐区处一高一低两个平台，高差的设置搭配温暖的黄色纺织品和皮革进一步界定出就餐区的层次。

（f）吧台

（g）置物架

（h）卡座

（i）夹层区域

（j）多人座位

（k）地板铺装

（l）铺装细节

图 4-35 La Cerveceria 酒吧色彩搭配设计（续）

图4-35（f）：吧台位于基座之上，老旧的黄铜和柔和的黄色瓷砖，共同丰富了吧台，木质底座包裹有一个特殊的红色粉末涂层钢板，使吧台焕然一新。

图4-35（g）：吧台后部的柜体由木头和棕色钢材制成，灯箱、镜子和上釉的深绿色瓷砖能在最大程度上强调酒柜的立体感。

图4-35（h）：带有红色皮革和橘红色织物的转角长凳，成为空间主导，影响了周围的木质环境。

图4-35（i）：桌子上的木质纹理图案与入口处地面方格图案相似，在视觉上能将两个空间联系在一起。

图4-35（j）：夹层空间可以俯瞰一楼和厨房，在背景墙上，橡木框中的镜子采用折叠门造型，通过光的反射和交汇，打破了空间的视觉路径。

图4-35（k）：一层地面黑色砖面上包含了星星点点的黄色和灰色瓷砖，台阶材料具有变化。这种铺装模式能引导视线穿过空间，将人的注意力引到台阶上，瓷砖地板的过渡节奏从黄色瓷砖转到大理石上，最后在橡木边缘结束。

图4-35（l）：酒吧区域地面穿插铺装小巧优雅的黄色、灰色瓷砖，强烈的色彩对比效果打破了地面沉闷感。

本章小结

本章节主要介绍室内设计中色彩的基础知识，从色彩的功效出发，对室内色彩进行搭配设计。色彩是最容易改变空间氛围的设计元素，在室内设计中可以达到事半功倍的效果。根据色彩搭配原理对室内色彩进行重组与调整，创造宜人的色彩环境，使室内空间焕然一新，现代装饰材料的多样性也为色彩设计创造了新的条件。

课后练习

1. 什么是色彩？简述色彩的基本属性。
2. 黑、白、灰属于什么色系？为什么黑、白、灰在室内设计中被广泛使用？
3. 色彩在室内空间中存在怎样的功能效应？
4. 简述人们对红色、黄色、蓝色、绿色和紫色的心理反应。
5. 室内色彩的运用原则是什么？
6. 色彩主要有哪些搭配方式？
7. 室内色彩设计的基本要求是什么？
8. 室内色彩设计需要注意哪些问题？
9. 为什么要明确主题色调？
10. 考察地砖样板间、家具销售或装饰装修企业展厅，总结分析现代主流住宅室内空间色彩，分析现代人的思想状况与色彩设计的关系。
11. 给学校礼堂或大型会议室重新设计一套色彩，绘制简单的平面图与立面图，在图上标识出色彩，说明这些色彩对学校师生思想状况的影响。

第5章

室内照明设计

识读难度：★★★★★
重点概念：光环境、照明设计、灯具、设计程序

章节导读

在室内设计中，光不仅能满足人们的视觉功能需要，而且是一项重要的美学因素。光可以形成空间，它直接影响人对物体大小、形状、质地、色彩的感知，室内照明是室内设计的重要组成部分（图5-1）。

图5-1：室内照明设计应当具有创意，对普通灯具进行改造，精确计算照度，合理分布灯光点位，让灯光散发出符合空间氛围的视觉效果。

图5-1　创意灯具照明

5.1　室内光环境

5.1.1　光的基础知识

1．光的概念

光是一定波长范围内的电磁波辐射，电磁辐射的波长范围很广，其中可见光的电磁波波长为380~780nm，不同波长辐射反映出的颜色视觉各有不同（图5-2）。

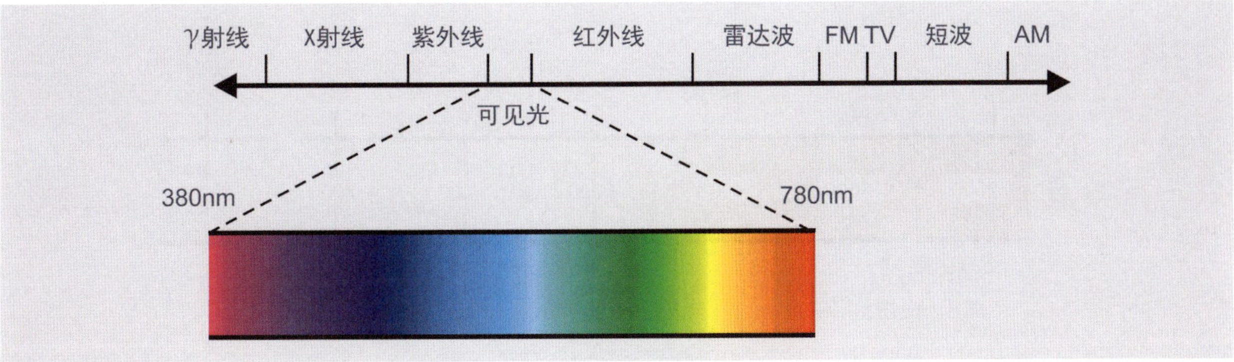

图5-2　可见光范围

图5-2：可见光的波长范围为380～780nm，其中470nm为蓝色，510nm为绿色，580nm为黄色，700nm为红色，紫外线波长在100～380nm之间，人眼看不见，太阳光谱中的红外线波长在780～1000nm之间。太阳是天然的红外线发射源，白炽灯发射波长在500nm之内的红外线。

2. 光的度量指标

光的度量有以下几个指标（表5-1）。

表5-1　光的度量指标

名称	符号	单位	说明
光通量	*Φ*	流明（lm）	光源每秒钟所发出的可见光量的总和，又称为发光量
发光强度	*I*	坎德拉（cd）	光源在给定方向的单位立体角元内传输的光通量
照度	*E*	勒克斯（lx）	单位面积所接受的光通量
亮度	*L*	坎德拉/米^2（cd/m^2）	指光源表面沿法线方向上每单位面积的发光强度（亮度=发光强度/面积）
色温	*K*	开尔文（K）	人们把一个不发光的黑色物体加热时，随着温度升高，黑体会发出红光，然后变成黄光，再变成白光，直到蓝光。当光源的色品与某一温度下黑体的色品相同时，该黑体的绝对温度为此光源的色温。在室内，灯具色温一般选择2700～6500K（图5-3）。

5.1.2　光环境

光可分为自然光和人工光。自然光的光源是太阳，世间万事万物都跟着太阳光有节奏地变化，人工光是用人造光源照明来营造室内空间感受（图5-4）。

1. 自然光

自然采光是室内设计中首要的采光方式。自然采光主要依靠设置在墙和屋顶中的洞口来获取，采光效果取决于采光口面积、形状、朝向，透光材料的种类、颜色、邻近物遮挡程度等因素。此外，根据光源方向还可分为侧窗和天窗两种采光形式（图5-5）。

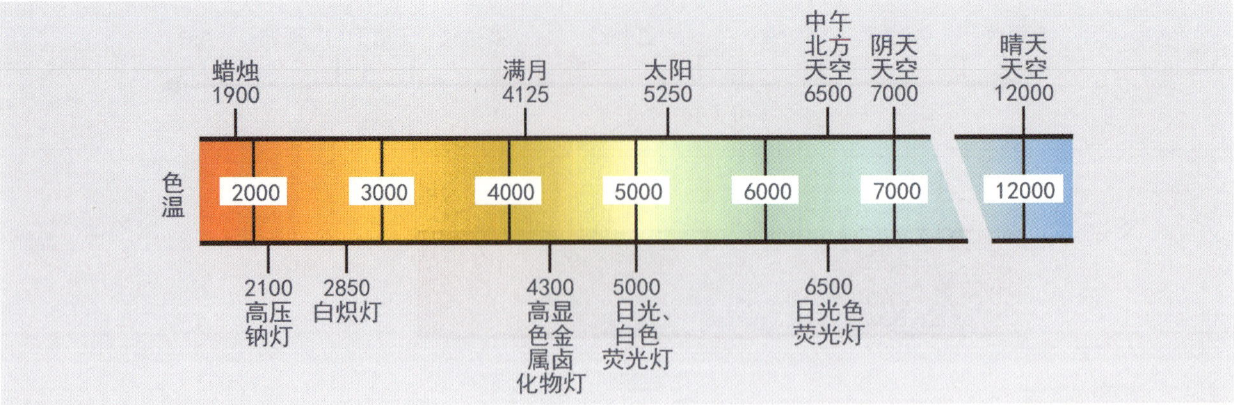

图5-3 光的色温（单位：K）

图5-3：光的色温以5000K为基准，低于5000K为暖光，高于5000K为冷光。

图5-4（a）：自然光根据采光口不同，所形成的室内氛围也有所不同，设计自然光要充分结合室内空间的使用功能、特点、风格以及当地气候等因素。

图5-4（b）：人工光能够创造不同氛围的室内环境，灯具的大小、造型、安装位置、安装数量等都会影响照明的视觉效果。

（a）自然光

（b）人工光

图5-4 光环境

图5-5（a）：侧窗是在室内侧墙上开的采光口，侧面采光有单侧、双侧、多侧之分，根据采光口高度位置不同，还有高、中、低侧光之分。

图5-5（b）：天窗是在室内空间顶部开设的采光口，顶部采光率是同样面积侧窗的5倍以上。

（a）侧窗

（b）天窗

图5-5 自然光采光形式

图5-6：自然光对创造自然清新的空间环境有着重要作用，同时欢快而明亮的空间氛围也能给人积极向上的感觉和振奋人心的力量。

图5-7：自然光会随着太阳的变化与昼夜更替所产生的角度、冷暖、强弱等有所改变，这使光影显得更加丰富、生动。

图5-6　清新自然的空间

图5-7　光影效果

图5-8（a）：氛围光主要通过色温来表现，多采用暖色光表现出紧凑温暖的氛围。

图5-8（b）：装饰光多采用小功率灯具照明，通过反射、折射来变化出多种灯光造型。

（a）氛围光

（b）装饰光

图5-8　室内人工光

阳光普照万物，给人们带来了无限的生机与活力，室内设计加上对自然光的利用，会形成分散、跳跃式的光形，有点、线、面多种光影效果，形成微妙层次感。光与影密不可分，光与影的相互交融也能营造出美好的室内氛围（图5-6、图5-7）。

2. 人工光

人工光是根据光的特性和原理，利用照明灯具创造出具有特征的光环境。室内人工光比自然光更具有可塑性，可以通过光源的形状、颜色、亮度以及光与饰物的反射特性、光与物体的造影特点，来创造出赏心悦目的室内环境（图5-8）。

5.1.3　光环境应用

室内空间主要通过地面、墙面、屋面顶棚等构件围合而成，光线可透过墙面和顶棚间的缝隙或墙面、顶棚上的开口进入室内。例如，光线是西方宗教建筑中不可或缺的重要表现因素（图5-9）。

在室内设计中，商业空间具有创造轻松娱乐气氛的潜能。在处理光环境的时候，应从光源的布局、形态及颜色等方面入手进行设计。可以随意布置光源，自然组合的灯光能取得比较轻快的视觉效果。穿插不规则的任意形达到活跃空间气氛的目的。灯光多以鲜艳的暖色为主，暖色能使人联想到阳光与火焰，从而引起情感波动，产生热烈欢快的情绪共鸣（图5-10）。

工作空间等会使人处于紧张状态，决定了该空间必须具备沉静严肃的灯光气氛。以自然光和人工光直接照明为主，减少装饰照明，在保证空间亮度的前提下增强视觉真实感。光源的大小、形态应当尽量一致，以便形成严格一律的格局。光源颜色应简化，以无彩色或略偏冷色为主要色调（图5-11）。

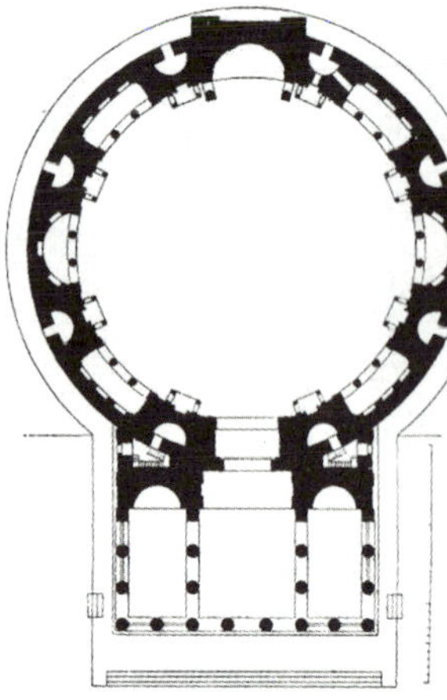

（a）古罗马万神庙平面图

（b）古罗马万神庙穹顶仰视

图5-9　古罗马万神庙穹顶

图5-9：古罗马万神庙穹顶的开口渗透进光线，形成明亮的圆形，穹顶与室内的明暗对比使穹顶成为抢眼的视觉中心，渲染出神秘的宗教气氛。引入穹顶的光线也能有效缓解内部空间原本的压抑感。

图5-10　餐饮空间

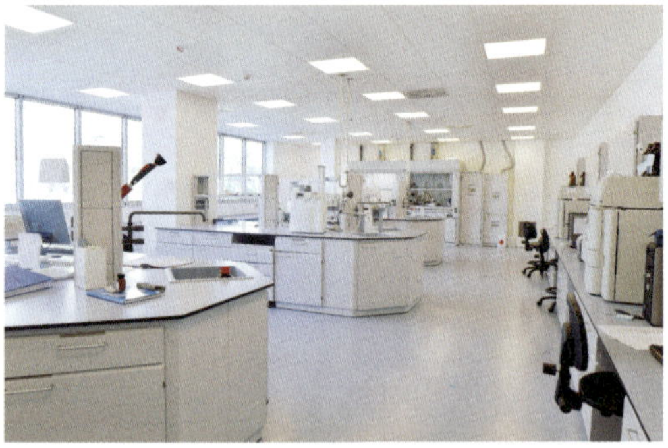

图5-11　科研空间

图5-10：为了更好营造出餐饮空间中的欢快气氛，在设计中应采用多元化照明来丰富室内环境。

图5-11：科研空间的环境氛围要能起到提高工作效率的作用，可利用单一明快的照明来实现。

- 补充要点 -

自然采光的调节

室内自然光无需过强，室内设计师要取得自然采光的最好效果，要对自然采光进行调节、修正、控制。通常利用窗帘、采光格栅、天窗等对直射光进行调节，以获得合适、稳定的采光；或采用自然光与人工照明相结合的方式，来弥补、改善自然光线强度变化不稳定与色温单一的缺陷。

5.2 室内照明设计基础

5.2.1 照明术语与照度范围

照明设计有专业术语，方便在设计过程中交流，常见术语名称，如表5-2所示。

在室内一定范围内照度增加，可使视觉功能提高，合适的照度有利于保护视力和提高工作与学习效率。照度的大小取决于发光强度，还同光源距被照面距离有关，照度在一定程度上决定室内环境的明亮程度（表5-3）。

表5-2 照明术语

名称	说明
显色性	是指光源对于物体颜色呈现的程度，又称为显色指数（R_a）
灯具效率	是指光输出系数，是衡量灯具利用能量效率的重要标准，是灯具外部输出的光通量与灯具内光源输出的光通量之间的比例
光源效率	是指每一瓦特电力所发出的光的量，其数值越高表示光源的效率越高
眩光	是指视野内存在干扰视觉或使视觉不舒适、疲劳的高亮度光，眩光会降低人眼的视敏度、产生残像、分散注意力，影响工作效率和生活质量，严重的还会引起瞬间失明，造成恶性事故
功率因数	是指电路中有用功率与视在功率（电压与电流的乘积）的比值
平均寿命	是指缺失50%光效时的寿命，又称为额定寿命
光束角	是指灯具1/10最大发光强度之间的夹角

表5-3 推荐照度范围 （单位：lx）

序号	照度范围			空间或活动类型
	低	合适	高	
1	20	35	50	常见室内空间，如走廊、贮藏室、楼梯间、浴室、咖啡厅、酒吧等
2	40	100	150	短程流通空间，如电梯前室、客房服务台、酒吧柜台、菜场营业厅、值班室、游艺厅、剧场、进站大厅、问讯处、诊室、商场通道区等
3	100	150	200	非连续使用的工作空间，如办公室、接待室、商店货架、柜台、小卖部、厨房、售票处、排演厅、检票处、手术室、放射室、广播室、总机室、理发室等

续表

序号	照度范围			空间或活动类型
	低	合适	高	
4	200	300	500	简单视觉要求的作业空间，如阅览室、设计室、橱窗、陈列室，美容、烹调、体育运动的训练场，玻璃、石器、金属品展览厅，保龄球、排球、武术等比赛场等
5	300	500	750	中等视觉要求的作业空间，如体操、网球、篮球比赛场，游泳、跳水比赛场，绘图室、印刷机房，木材机械加工、一般精细作业、粗加工、机床区、电修车间等
6	500	800	1000	较强视觉要求的作业空间，如乒乓球、棋类等比赛场，金属加工厂、机电装配车间的小件装配间、打字室、抛光车间等
7	1000	1500	2000	较难视觉要求的作业空间，如手术室、常规实验室等
8	2000	2500	3000	特殊视觉要求的作业空间，如特殊实验室、特殊工作间等

5.2.2　室内照明方式

室内照明根据使用上的不同功能和效果，一般可分为三种照明布局形式，即一般照明、任务照明、重点照明。

1. 一般照明

一般照明是指向某一特定区域提供整体照明，它能提供舒适的亮度，以确保人行走的安全性，保证人对物体的识别。一般照明多采用花灯、壁灯、嵌入式灯具、轨道灯具（图5-12）。

2. 任务照明

任务照明主要用来帮助完成特定照明任务，如在书房书桌处阅读、在洗衣间洗衣、在厨房里烹饪、在客厅看电视等。任务照明多采用嵌入式灯具、轨道灯具、吸顶式灯具、移动式灯具等（图5-13）。

图5-12（a）：办公室一般照明可选用嵌入式筒灯和发光灯带，能有效控制照明功率，为基础的行走、交流提供明亮的环境。

图5-12（b）：洽谈区一般照明多设计安装格栅灯，这种灯具功率为36W，平均每6m^{2}布置1个格栅灯，能使整体光照更加均匀。

（a）办公室一般照明

（b）洽谈区一般照明

图5-12　一般照明

（a）灯具的选用

（b）光源的选择

（c）桌面照明灯具

图5-13　任务照明

图5-13（a）：任务照明要注意避免产生眩光和阴影，控制灯具亮度，在达到任务所需的照度时，要避免灯具亮度过高导致产生视觉疲劳。

图5-13（b）：任务照明能重点表现被照射体，多用于商业橱窗，如甜品类的食品橱窗可选择暖色光源。

图5-13（c）：桌面任务照明从近距离照射桌面即可，即使是不太强的光也可以得到足够的照度，灯具可选择具备一定艺术造型的LED灯，亮度合适且节能。

3. 重点照明

重点照明是指对某一物体进行聚光照明，这种方式能凸显明暗对比，给空间增加戏剧化效果。采用这种方式对绘画、照片、雕塑、其他装饰品进行照明，可强调墙面或装饰面的肌理效果。重点照明可以采用轨道灯具、嵌入式灯具或壁灯，重点照明中心点照度应为该区域周边环境照度的3倍。在使用重点照明时要注意与周边整体照明环境相互协调，即使有明暗对比，也要控制好对比度，以免造成视觉不适（图5-14）。

（a）厨房重点照明

（b）轨道射灯做重点照明灯具

图5-14　重点照明

图5-14（a）：厨房照明可选用内嵌式筒灯或灯管,可让使用者安全、便捷地进行烹饪。

图5-14（b）：轨道射灯可为摄影作品提供重点照明，亮度适中，能重点突出摄影作品主题，光线可调节，为浏览和欣赏提供充足的照明。

5.2.3 室内照明类型

利用不同材料的光学特性，利用材料的透明、不透明、半透明质地制成各种照明设备，重新分配亮度，根据不同的需要来改变光的发射方向和性能。照明类型根据灯具散光方式不同可分为直接照明、半直接照明、间接照明、半间接照明和漫射照明（表5-4）。

表5-4 照明类型

照明类型	图示	图例	特点
直接照明	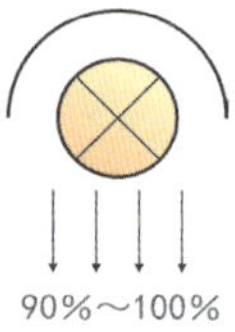		90%以上光线直接照射到被照物体上，光的工作效率高、亮度亮，是室内照明的最普通形式
半直接照明	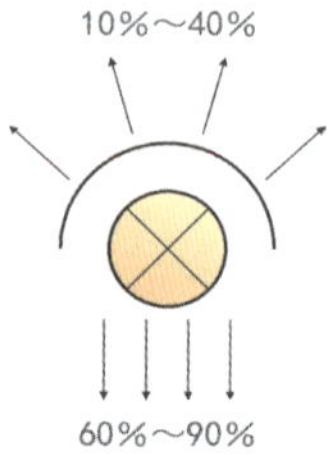		60%～90%的光线直接作用于被照物体上，而其余10%～40%的光线经过反射间接地作用于被照物体上，灯具多会选用半透明材料制作，或使灯罩上部开口，这种照明方式主次分明，相对柔和
间接照明	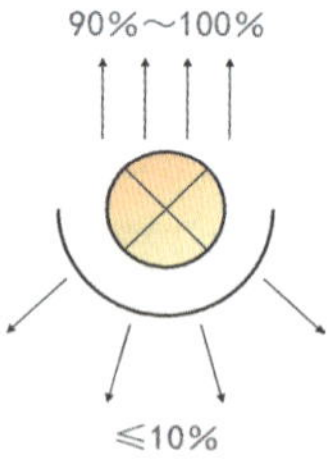		90%以上的光射向顶棚或墙面，再从这些表面反射至工作面，10%以下的光线直接照射到工作面，光的利用率很低，光线较弱、较柔和
半间接照明	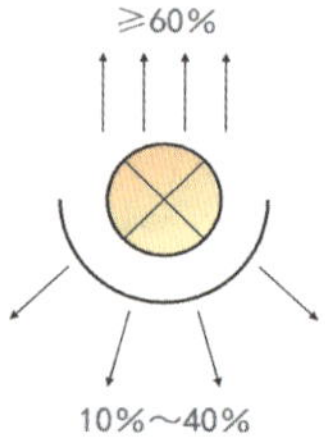		60%以上的光射向顶棚，形成间接光源，40%以下的光线经过灯罩向下直接照明
漫射照明	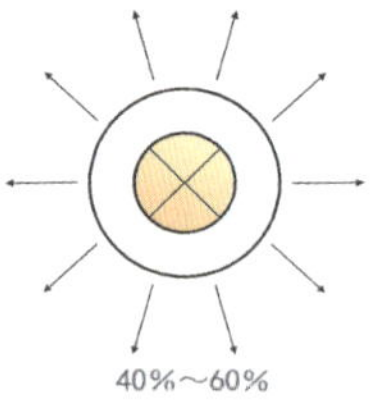		将光线从灯罩上口射出经平顶反射，两侧从半透明灯罩扩散，或用半透明灯罩将光线全部封闭而产生漫射，这种照明方式光线柔和，可有效避免眩光，但光效不高，损耗较多，亮度分布均匀，容易平淡

5.3 室内照明计算方法

正确的照明计算是成功完成室内照明设计的重要基础，室内设计师不仅需要具备运用灯光营造环境气氛的审美能力，还要能对照明设计进行量化计算。

5.3.1 照明计算公式

照明功率密度（也称单位面积照明用电功耗）是照明设计的重要数值，是指在达到规定的照度值情况下，每平方米所需要的照明灯具的功率。了解照明功率密度及其计算方法可以帮助我们更好地选择灯具，从而达到更好的照明效果。

灯具的用电功率（W）= 房间面积（m^2）× 照明功率密度（W/m^2）。

如果要在这个房间获得需要的照明水平，可以采用功率密度法，用房间面积乘以照明功率密度，计算出使用灯具的用电功率值（表5 5）。

表5-5 常用照明功率密度值

空间	等级	照度/lx	照明功率密度/（W/m^2）	空间	等级	照度/lx	照明功率密度/（W/m^2）
办公室	普通	400	12	配电间	普通	200	6
会议厅	普通	300	10	电梯机房	普通	200	7
办公楼服务大厅	普通	300	10	公共车库	普通	50	2
酒店走廊	普通	50	3.5	住宅车库	普通	30	1.8
走廊	普通	50	2	控制室	一般控制室	300	8
	高档	100	3.5		主控制室	500	13.5
门厅	普通	100	3.5	空调机房	普通	100	3.5
	高档	200	6	风机房	普通	100	3.5
电梯厅	普通	100	3.5	电话站	普通	500	13.5
	高档	150	5	网络中心	普通	500	13.5
楼梯间	普通	50	2	计算机站	普通	500	13.5
	高档	100	3.5	教室	普通	300	8
卫生间	普通	75	3		高档	400	12
	高档	150	5	泵房	普通	100	3.5

注：在照明设计中应尽量降低实际照明功率密度，实现环保型的设计。

5.3.2 照明灯具数量计算实例解析

对实际案例的计算，可以帮助我们快速了解照明功率密度的计算方法，下面就对案例进行计算分析。

1. 办公室照明

设计条件：办公室长10m，宽10m，平均照度大约400lx（图5-15），根据表5-5可选择照明功率密度为12W/m^2，若选择32W的T8条形灯作为所需要照明的灯具，求办公室内灯具数量是多少?

根据公式可求得：

灯具的用电功率（W）=房间面积（m^2）× 照明功率密度（W/m^2）

=100m^2 × 12W/m^2

=1200W

如果选用32W的T8条形灯，大约需要1200W ÷ 32W/盏=38盏。

结论：需要32W的T8条形灯38盏。

2. 会议厅照明

设计条件：在一间会议厅的观众席照明中，会议厅面积是300m^2，所需要的照明水平大约是300lx（图5-16），选择60W或100W的下射灯，根据表5-5可选择照明功率密度为10W/m^2，求会议厅灯具数量是多少?

根据公式可求得：

灯具的用电功率（W）=房间面积（m^2）× 照明功率密度（W/m^2）

=300m^2 × 10W/m^2

=3000W

如果选用60W的下射灯，大约需要3000W ÷ 60W/盏=50盏。如果选用100W的下射灯，大约需要3000W ÷ 100W/盏=30盏。

结论：需要50盏60W的下射灯或30盏100W的下射灯。

3. 教室照明

设计条件：面积为96m^{2}的教室，用32W的T8条形灯作为所需要照明的灯具（图5-17），根据表5-5可选择教室照明功率密度为8～12W/m^2，求教室内灯具数量是多少?

图5-15 办公室照明

图5-16 会议厅照明

图5-15：办公区域一般都有计算机，工作台面的照度值一般控制为400lx。

图5-16：会议厅根据场地规模大小不同，照度值会有不同，普通会议厅照度值宜为250lx，中等会议厅照度值宜为300lx，高级会议厅照度值宜为350lx。

根据公式可求得:

当采用荧光灯进行照明时，最少需要的电功率为$96m^2 \times 8W/m^2 = 768W$;

最多需要的电功率为$96m^2 \times 12W/m^2 = 1152W$;

相应灯具，最少需要768W ÷ 32W/盏 = 24盏；最多需要1152W ÷ 32W/盏 = 36盏。

结论：需要24盏至36盏32W的T8条形灯。

图5-17　教室照明

图5-17：教室照度值为300 ~ 400lx，灯具根据教室内实际使用人数设置开关，全部坐满时则全部灯光开启。

5.4　灯具选用与照明效果

灯具能使空间明亮，增强空间中的可见度。正因为灯具能发挥出这些作用，在室内设计时，应当利用灯具创造出多种室内光环境氛围。

5.4.1　灯具种类

灯具花色品种繁多，造型丰富，光、色、形、质可谓变化无穷，灯具按照安装方式不同可细分为悬吊类灯具、吸顶类灯具、壁灯、落地灯、台灯、特种灯具等（图5-18~图5-23）。

图5-18　吊灯

图5-18：吊灯能将发光灯具下降到适合的空间高度，让光源有效照射到使用面上。

5.4.2　直接照明效果

在合适的空间使用直接照明，创造更具魅力的照明环境。直接照明比较简单，一般使用的灯具有射灯、筒灯等直接型照明灯具。直接照明一般不会单独使用，而且不是每一个空间都适合使用直接照明（图5-24 ~ 图5-30）。

图5-19：吸顶灯指紧贴天棚的灯具，适用面较广，可单盏使用，也可组合使用，前者适用于较小的空间，后者适用于较大空间。

图5-19　吸顶灯

图5-20：壁灯有附墙式和悬挑式两种，安装在墙壁和柱子上，壁灯造型要求富有装饰性，适用于各种室内空间。

图5-21：落地灯是家居客厅、起居室，宾馆客房、接待室等空间的局部照明灯具，能装饰空间。

图5-20　壁灯

图5-21　落地灯

图5-22：台灯是放置在台桌、茶几、矮柜上的局部照明灯具，是现代室内空间中具有特色的装饰照明灯具。

图5-23：特种灯具是专门制造的照明灯具，如用于舞台表演的追光灯、回光灯、天幕泛光灯、旋转灯、光束灯、流星灯等。

图5-22　台灯

图5-23　舞台追光灯

图5-24　直接照明要控制好光线照射方向

图5-25　直接照明要注意灯具安装高度

图5-24：光通过直线传播，因此直接照明使用不当会造成眩光，同时光线遇到物体还会产生阴影，使用直接照明时要控制好光线的照射方向。

图5-25：通过控制灯具安装高度对最终照明效果进行调整，使用吊灯要注意安装的高度不宜过低，以免产生重影。

图5-26 射灯做直接照明灯具

图5-27 直接照明不适用于小空间

图5-26：用射灯做直接照明的灯具要注意调整好射灯的亮度和照射方向，不要将光线直接照射到人的面部上，以免引起视觉不适。

图5-27：对于面积较小的空间，使用直接照明可能会产生阴影，从而造成不好的视觉效果，不仅不能达到照明目的，还会对人眼造成伤害。

图5-28 餐区直接照明

图5-29 咖啡店不使用直接照明

图5-28：在用餐区域，良好的直接照明能增加食物美感，营造出合适的用餐氛围。

图5-29：咖啡店菜单处一般不使用直接照明，因为亮度过高可能会导致消费者看不清楚菜单上的文字。

图5-30：饰品店内展示区为直线形，射灯所带来的直接照明在展柜上会形成小面积阴影，有效增强饰品的立体感和质感。

图5-30 饰品店直接照明

5.4.3 间接照明效果

间接照明灯具或光源不直接将光线投向被照射物，而是通过墙壁、镜面或地板反射后，将直接光转变成温和的扩散光，这是室内照明设计中常用的灯具照明表现手法（图5-31、图5-32）。

1. 遮光线

室内间接照明对光线有较高要求，直接裸露光源是不正确的，为了得到理想的光源效果，要考虑光源的位置，要意识到遮光线的存在，考虑好光源与遮光板之间的相对位置进行照明细部设计（图5-33）。

图5-31 框式空间内运用间接照明

图5-32 住宅空间内运用综合照明

图5-31：此空间使用了非对称间接照明，创造出层层递进的视觉效果，逐步引人入胜，灯光能够体现出极简造型。

图5-32：住宅空间内选用了直接与间接综合照明，能有效提高灯光利用率，同时光线也不至于太刺眼。

图5-33：酒店客房照明经过遮光线处理后，光线直接照射量被有效地减弱，整体照明环境也趋向一个比较柔和的状态，不会让人感觉不舒服。

图5-33　酒店客房照明

图5-34　受光面与间隙

图5-35　注重受光面的条件

图5-34：光的扩散效果与间隙有重要联系，当间隙不够时，光容易受到影响，从而形成强烈的明暗对比，看上去不够自然，导致光线没有得到扩散，可通过调整间隙大小来产生渐变的光效。

图5-35：选择无光泽的粗糙面作为装饰面，就能达到理想的间接照明效果。

2. 受光面

要使间接照明达到柔和、自然、感染力最大的效果，必须要注意间隙、遮光线以及质感三大要素，在进行设计时要注意受光面的条件，注意光源与顶棚之间的距离以及光源与墙体之间的距离（图5-34～图5-36）。

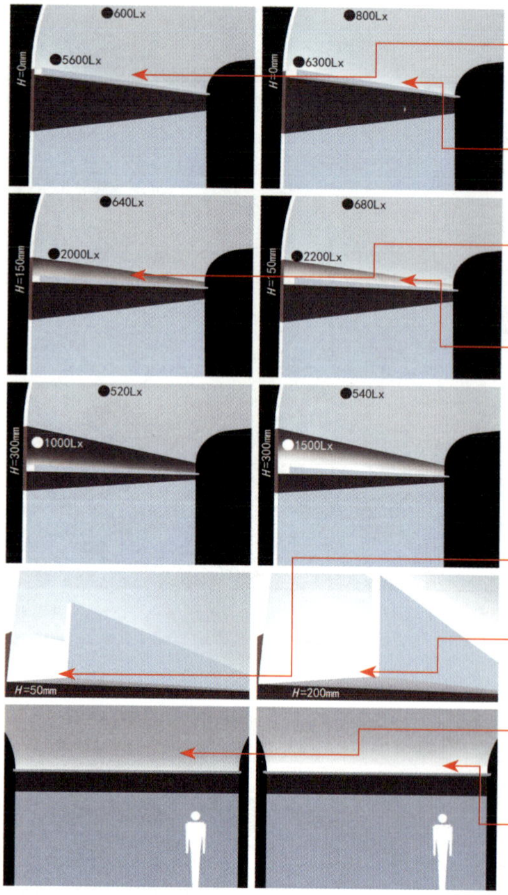

当光源与圆弧形顶棚边缘的间隙为 0mm，与墙体的间隙为 50mm 时，墙面反射的照度为 5600lx，顶棚则为 600lx。

光源与墙体的间隙为 200mm 时，墙面反射的照度为 6300lx，顶棚则为 800lx。

当光源与圆弧形顶棚边缘的间隙为 150mm，与墙体的间隙为 50mm 时，墙面反射的照度为 2000lx，顶棚则为 640lx。

光源与墙体的间隙为 200mm 时，墙面反射的照度为 2000lx，顶棚则为 680lx。

当光源与圆弧形顶棚边缘的间隙为 300mm，与墙体的间隙为 50mm 时，墙面反射的照度为 1000lx, 顶棚则为 520lx。

光源与墙体的间隙为 200mm 时，墙面反射的照度为 1500lx，顶棚则为 540lx。

当光源与墙体的间隙在 200mm 以下时，反射的光线会很集中，灯光散发出来的很少。

在采用圆弧形天花发光灯槽照明时，要考虑到光源与墙体之间的距离，光源和墙体的间隙应在 200mm 以上。

图5-36　光源与顶棚、墙体

- 补充要点 -

照明设计程序

有序的设计程序能够节省更多设计时间，同时也能使室内照明设计更具条理性，照明设计中要充分结合时代特色，随时更新照明设计标准，与时俱进，力求设计出具有时代特色和创意的艺术照明作品（图5-37）。

确定照明设计标准 → 记录室内空间数据和相关约束条件 → 确定所需满足的照明要求 → 选择合适的照明系统 → 选择灯具和光源系统 → 确定灯具的数量和位置 → 确定开关和其他控制设备的布置 → 确定美学和其他无形因素

图5-37　艺术照明设计程序

5.5 案例解析：俱乐部照明设计

（a）俱乐部外观

（b）侧面空间

该俱乐部位于城市中心街道旁，除了室内设计之外，设计师还负责品牌形象设计。空间的几何形态与顾客体验之间的联系是设计重心所在。

线条简洁的家具在提供舒适性的同时能够与空间内的几何元素形成精准搭配。整个方案完美结合了技术与设计，设身处地考虑顾客的使用体验，并充分尊重了他们的需求。设计中所有的材料均以最纯粹的状态融入空间内部，不仅沉稳且有趣，空间中的光线、材料、美感、功能等都能够相互协调（图5-38）。

（c）正面空间

（d）酒类图书馆

（e）就座区域

（f）酒架细部

图5-38　俱乐部照明设计

图5-38（a）：入口处立面设置了大型灯光招牌，并采用蓝色垂直光幕从顶部向下照亮。

图5-38（b）：可编程的LED灯带在石墙上形成不连续的分割线，在石墙上投射出独特的光影，错落的石砌墙壁贯穿了整个俱乐部的纵深空间，能为整个室内空间带来质感与活力。

图5-38（c）：构成空间的形状、光线、体量感通过直觉形成连接，形成三个具有不同功能和质感却又相互联系的区域，为原本规则的四边形空间赋予新的光影效果，使空间变得更加精致有趣。

图5-38（d）：酒类图书馆位于体块分明的石墙对面，栅格状的酒架贯穿了整个酒吧区域，木质元素为空间带来了自然而高贵的气息，同时也平衡了石墙的冷硬质感。酒类图书馆的体量、尺度、比例三者互动为该区域带来较强的韵律感，这不仅能与灯光形成和谐搭配，同时还能使空间深度得到加强。吧台采用了一排焦点式射灯，工作人员也能够更加专心舒适地工作，此处灯光设计不仅使空间的美感与功能性得到了平衡，也能充分提升顾客体验感。

图5-38（e）：就座区域位于一个独立的平台上，在照明衬托下看上去如同漂浮在地面上，形成富有动感且沉浸式的空间体验。酒架空间沿着石墙继续往前，会进入陈设和质感都十分简洁的新空间。

图5-38（f）：酒架为空间中静止的结构，可编程的LED灯光为这些静止的结构带来了动态气息，且可以随着背景音乐在室内投射光影，从而与顾客的活动形成呼应。

本章小结

合理的照明设计能使室内空间更符合人的心理、生理需求，灯光是最富情感的设计元素之一，它具有增加室内空间层次、增强室内装饰艺术效果、增添生活情趣的功能。在室内设计中，照明设计不仅要满足功能需求，更要能够渲染空间装饰氛围，点缀室内装饰的艺术造型。室内照明具有强烈的艺术美感，在室内照明艺术中必须分析人的生理、心理和美学感受，具备人性化设计理念。

课后练习

1. 什么是室内光环境？有哪些分类？
2. 光环境对人的心理有何影响？
3. 简述室内照明方式的分类和特点。
4. 灯光照明设计有哪些原则？
5. 灯光的表现方式有哪些？
6. 如何创造室内光环境气氛？
7. 灯具有哪些种类？各有何特点？
8. 简述室内照明设计程序。
9. 观察生活中哪些建筑室内有天窗，室外光通过天窗照射到室内后，会对人的思想情绪带来哪些积极与消极的影响？
10. 观察图书馆或阅览室的室内采光照明设计，分析照明的重点部位在哪里。这样的照明为何能让读者静下心阅读学习？照明设计是怎样影响读者思想情绪的？

第6章

室内陈设设计

识读难度：★★★☆☆
重点概念：陈设、作用、搭配、绿化

章节导读

室内陈设对室内环境起着举足轻重的作用，和谐统一又有艺术效果的室内陈设能体现文化内涵与艺术修养，同时也可以使室内环境效果更理想（图6-1）。

图6-1：室内陈设设计内容丰富，所营造的室内环境氛围能够满足人对工作、生活空间的物质需求与精神需求，其中家具是最常见的陈设形态。

图6-1　室内家具陈设

6.1　陈设概念与作用

6.1.1　室内陈设概念

室内陈设设计又称为软装饰设计，陈设可理解为摆设品、装饰品，也可理解为对物品的陈列、摆设布置与装饰。陈设品是指用来美化或强化环境视觉效果，具有一定观赏价值和文化意义，并能被摆设或陈列的物品（图6-2）。

（a）茶几

（b）书桌

图 6-2　室内陈设品

图6-2（a）：室内陈设品包含种类较多，除围护室内空间的界面和构件外，所有具备实用性或非实用性且能用于观赏陈列的物品都属于室内陈设品，茶几与茶几上的摆件是最常见的陈设品。

图6-2（b）：具有观赏性的台灯、小型雕塑摆件是书桌上常见的陈设品，色彩、材质与书桌相互衬托，与室内设计风格一致。

6.1.2　室内陈设作用

1. 室内陈设的目的

室内陈设设计是在满足人们日益增长的物质需求的前提下，重点在于满足人们精神方面的需求。物质陈设重在满足人的生产、生活需求，能使人们获得健康、安全、舒适、便利的空间环境，因此在陈设时要注重实用性和经济性（图6-3）。

精神需求是室内陈设设计的重点，主要包括空间的文化品味与风格设计，可通过美感和个性塑造来使室内空间具备艺术效果，创造内涵更丰富的室内环境（图6-4）。

2. 室内陈设的作用

（1）丰富空间层次。利用室内陈设品对空间进行分隔，形成可变空间，如利用家具、地毯、绿化、水体等陈设创造出更合理的使用功能，使室内空间更富层次感（图6-5）。

（2）调节环境色彩。陈设品中的植物、织物、家具等具有独特的色彩肌理效果，能使室内空间充满生机和活力（图6-6）。

（3）强化室内环境风格。陈设品本身的造型、色彩、图案及质感等均具有一定的风格特征，合理选择陈设品也能够有效强化室内环境风格的装饰效果（图6-7）。

（a）餐桌陈列

（b）茶几与沙发陈列

图 6-3　物质陈设

图6-3（a）：餐桌椅与餐桌上丰富的陈设品是物质的体现，华丽、精致感能满足人的视觉审美需求。

图6-3（b）：茶几的造型与色彩与沙发呼应，搭配背景窗帘与茶几上的摆件，表现出华丽的视觉效果。

（a）装饰设计

（b）装饰摆件

（c）装饰门

图 6-4　精神性陈设

图6-4（a）：几何造型吊灯与简约朴素的背景墙表现出清淡、质朴的视觉审美。

图6-4（b）：墙面几何造型搭配具有艺术性，卵石造型吊灯具有个性，透露出强烈的现代气息。

图6-4（c）：拱形装饰门是室内空间中唯一的复古元素，重新定义了设计风格，体现了使用者追求传统文化的品味。

图 6-5　室内空间层次

图6-5：地毯、帘饰等织物能在视觉和心理上划分空间，能有效增强空间的领域感，同时地毯能缓解因顶棚过高而带来的空旷感和孤寂感，并能营造出比较温馨的气氛。

图 6-6　地毯色彩

图 6-7　民族风格

图6-6：沙发抱枕、地毯、墙面装饰画三者色彩鲜亮，打破了蓝色、白色基础室内界面的色彩倾向，使空间具有活力。

图6-7：著名的塔尔寺，地处青藏高原，寺中采用悬挂各种帐幔及彩绸天棚、藏毯裹柱等来装饰室内空间，能对建筑物起到防风沙的保护作用，同时也形成了独特的设计风格。

6.2 陈设品分类与布置

陈设品按性质不同可以分为实用性陈设品和装饰性陈设品两大类，陈设品选择应当遵循以人为本原则，兼顾经济、习俗、文化等多方面因素综合考虑。

6.2.1 实用性陈设品

实用性陈设品包括各类家具、家电、器皿以及织物等，以实用功能为主，外观设计也具有良好的装饰效果。

1. 家具

家具可以表达空间的属性、尺度和风格，是室内陈设品中最重要的组成部分。随着社会发展与技术变革，家具设计制作方法也随之改变，家具的形式、结构注入各种新材料、新技术，家具设计形成了多元化格局。家具在陈设设计中占据的比重较大，色彩、材质是陈设设计的主导（图6-8）。

2. 织物

织物陈设是室内陈设设计的重要组成部分，织物陈设拥有独特的质感、色彩，它赋予了室内空间自然、亲切和轻松的氛围，常见的织物陈设包括地毯、壁毯、墙布、窗帘、坐垫、靠垫等，这些陈设品既有实用性，又有很强的装饰性（图6-9）。

3. 书籍杂志

陈列在书架上的书籍，既有实用价值，又可为空间增添书香气，显示室内高雅的情趣（图6-10）。书籍可按其类型、系列或色彩来分组，也可同时将古玩、植物、收藏品与书籍穿插陈列，以增强室内的文化品味。此外，杂志也很适合室内装饰，杂志的封面色彩鲜艳、设计新颖，可以用作室内书架、台面、沙发上的点缀。

4. 生活器皿

餐具、茶具、酒具、炊具、食品盒、果盘、花瓶、盛物篮等，都属于生活器皿陈设。生活器皿的制作材料很多，有玻璃、陶瓷、金属、塑料及木材、竹子等，其独特的质地，能产生出不同的装饰效果，如玻璃、陶瓷晶莹剔透，可以陈列在书桌、台子、茶几及开敞式柜架上（图6-11）。

图6-8（a）：中式家具拥有比较强的几何感，色彩多为原木色，质地细腻，所营造的氛围古朴，书香韵味比较浓。

图6-8（b）：欧式家具中灵活地运用了曲线造型，使家具具有柔美感，这种造型极具浪漫气息，室内氛围较高雅。

（a）中式家具

（b）欧式家具

图 6-8　家具陈设

图6-9（a）：客厅织物具有柔软的质感，能缓解几何造型木质家具和墙体结构所带来的坚硬感，这些织物能使客厅氛围更适合交谈。

图6-9（b）：刺绣具有浓郁的民族风格和地方特色，是环境陈设的重要元素之一，其中苏绣、湘绣、蜀绣、粤绣是我国四大名绣，收藏价值和装饰价值都比较高。

（a）客厅织物　　（b）苏绣作品

图 6-9　织物

图6-10：书架应该有不同高度的框格，这样便于各种尺寸书籍摆放，同时这些框架还需能按照书籍的尺寸随意调整。

图6-11：茶具造型、色彩和质地都具有很强的装饰性，不仅可以成套陈列，也可以单件地陈列在茶几上，能使室内空间具有更浓郁的生活气息。

图 6-10　书架上的书籍

图 6-11　茶具

6.2.2　装饰性陈设品

装饰性陈设品具有比较强的装饰效果，包括装饰品、纪念品、收藏品、工艺品、观赏动物及盆景花卉等。

1. 装饰品

通常将绘画、书法、摄影等作品称为纯艺术作品，将陶瓷、雕塑、景泰蓝、唐三彩、漆器或民间扎染、蜡染、布贴、剪纸等作品称为工艺品，它们具有很高的观赏价值，能丰富视觉效果，装饰美化环境，营造良好的文化氛围（图6-12）。

2. 纪念品

祖先的遗物、亲朋好友的馈赠、获奖证书、奖杯、奖章、婚嫁或生日赠送来的纪念物及外出旅游带回的纪念品等都属于纪念品，它们既有纪念意义，又能起到装饰作用（图6-13）。

3. 观赏动物

观赏动物以鸟类和鱼类为主，鸟的羽毛色彩斑斓，鱼的颜色缤纷绚丽，它们既是人类的伙伴，又是富有灵性和美感的绝佳陈设物（图6-14）。

4. 盆景花卉

盆景花卉经济美观，一盆绿叶、一束鲜花就能使环境充满生机与灵性，还能提高空间环境的质量。盆景花卉的装饰要注意与装饰风格的协调，东方传统盆景花卉重视意境创造、人文思想的传达（图6-15）。

图6-12 装饰品

图6-13 纪念品

图6-12：装饰品选择应与室内风格相协调，例如，中国画、书法等特有的画法、画风、意境表达很适合陈设在雅致、清静的室内环境中。

图6-13：纪念品这类纯观赏性物品不具备使用功能，它们或具有审美和装饰作用，或具有文化和历史纪念的意义。

图6-14 观赏动物

图6-15 盆景

图6-14：在茶室、酒家等场所豢养的笼中鸟以鹦鹉和金丝雀等为最多，鸟儿悦耳的叫声能使客人恍如置身大自然的怀抱中，能给客人带来身心的舒缓。也可以摆放仿真鸟或标本鸟，更方便打理。

图6-15：盆景十分讲究，无论是形态、色彩还是构图等，都要求能够体现出一定的意境，并能表达出禅意。

6.2.3 室内陈设品布置

室内陈设品的选择与布置，主要是处理陈设、家具、空间三者之间的关系。

（1）确定风格。陈设设计应当先确定环境空间的整体风格，再用饰品做点缀。在设计规划之初，就要先将客户的习惯、收藏等全部列出，并与客户进行沟通，极力满足客户需求（图6-16）。

（2）设定比例。陈设搭配中最经典的比例分配莫过于黄金分割了，运用1：0.618的完美比例来划分室内空间，也可以运用陈设品与室内空间构造的尺寸关系来引导空间。例如，不要将绿植盆栽放在窗台处，放置在楼梯旁会使视觉效果活跃很多（图6-17）。

（3）找准节奏。节奏与韵律是通过体量大小的区分、空间虚实的交替、构件排列的疏密和长短的变化、曲柔刚直的穿插等变化来实现的。在陈设设计中虽然可以采用不同的节奏和韵律，但同一个空间切忌使用两种以上的节奏，那会让人无所适从、心烦意乱（图6-18）。

（4）统一协调。陈设布置应遵循多样统一的原则，根据大小、色彩、位置使之与家具构成整体。家具要有统一的风格和格调，再通过饰品、摆件等细节的点缀，进一步提升室内环境品位。调和则是将对比双方进行缓冲与融合的有效手段，例如，暖色调的运用与柔和布艺的搭配（图6-19、表6-1）。

图 6-16 确定整体风格

图 6-17 盆栽比例

图6-16：地中海风格最经典的颜色搭配便是蓝与白的结合。深蓝色的瓷砖与浅蓝色的瓷砖相结合，营造出海洋的氛围，盥洗台与浴缸风格与墙面瓷砖形成呼应。

图6-17：绿植形体为中等，放在楼梯口旁侧，视觉效果很活跃，与地中海风格的配合十分得当。绿植高度为5~6个台阶，处于楼梯口，具有引导功能。

图 6-18　重点表现

图 6-19　多样协调

图6-18：客厅的视觉中心为茶几，造型别致，为中国传统大鼓，厚重的红色与其他家具配合完美。

图6-19：独特的暖色系的应用与小碎花的结合，点缀装饰画提升了居住环境的品位。

表 6-1　室内陈设的布置方式

布置方式	图示	特点
墙面陈设		主要为平面挂画和立体艺术品，如装饰画、浮雕、摄影作品、壁灯、雕塑、工艺品等，结合灯光配置来营造气氛，墙面陈设多与家具结合布置，考虑上下呼应的构图关系，比例尺度不宜过大
家具陈设		主要选择小巧精致产品，起到传神达意的目的，使陈设主体造型、色彩、质感在空间组合构图中与室内环境格调一致
落地陈设		多为大型装饰品，如雕塑、工艺品等，落地布置在大空间入口处，起到引导作用，或布置在空间中央形成视觉中心，或布置在走廊尽头，起到端景与对景的作用
悬挂陈设		多采用悬挂装饰品来装饰内空较高的室内空间，如绿化、吊灯、抽象雕塑等，能丰富整个空间的视觉效果

—补充要点—

陈设色彩混搭

在室内陈设设计中，同一处陈设设计不宜超过三种颜色，色彩搭配不协调容易让人产生不舒适感。但是三种颜色显然无法满足个性化设计的需要，混搭容易造成审美疲劳。陈设色彩混搭秘诀就在于掌握好色调变化。两种颜色对比非常强烈时通常需要过渡色来调和（图6-20）。

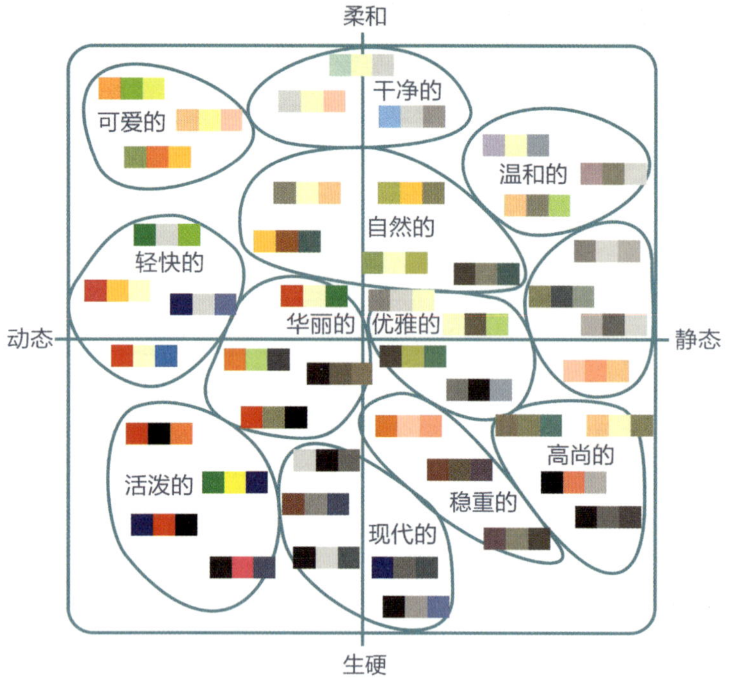

①红色配白色、黑色、蓝灰色、米色、灰色。
②咖啡色配米色、鹅黄、砖红、蓝绿色、黑色。
③黄色配紫色、蓝色、白色、咖啡色、黑色。
④绿色配白色、米色、黑色、暗紫色、灰褐色、灰棕色。
⑤蓝色配白色、粉蓝色、酱红色、金色、银色、橄榄绿、橙色、黄色。

图 6-20　陈设色彩搭配

6.3　布艺陈设设计

室内布艺包括窗帘、地毯、枕套、床罩、椅垫、靠垫、沙发套、台布、壁布、毛巾等，以布为主料进行加工制造的装饰产品都属于布艺陈设品。布艺的色彩和材质非常丰富，装饰效果突出，布艺也会呈现强烈的个人爱好和品味。

6.3.1 地毯选用

1. 羊毛地毯

羊毛地毯泛指以羊毛为主要原材料编制的地毯，是地毯中的高档产品，一般用在宾馆、酒店、别墅等高级室内空间。手工地毯价格较贵，机织的相对便宜，无纺地毯是较新品种，具有消音抑尘、使用方便等特点。羊毛地毯清洁保养复杂，需要到洗衣店清洗，选择色调较暗或有花纹的会比较耐脏（图6-21）。

2. 纯棉地毯

纯棉地毯分很多种，有平织的、纺线的，时下非常流行的是雪尼尔簇绒地毯，性价比较高，脚感柔软舒适，簇绒系列装饰效果突出，便于清洁，可以直接放入洗衣机清洗（图6-22）。

3. 合成纤维地毯

合成纤维地毯也称化纤地毯，主要材料为聚丙烯，背衬为防滑橡胶，花样品种更多，不易褪色，脚感不如羊毛和纯棉地毯。合成纤维地毯比较便宜，视觉效果略差，容易起静电，可以作为门垫使用（图6-23）。

4. 塑料地毯

塑料地毯又称为橡胶地毯，是采用聚氯乙烯树脂及增塑剂等多种辅助材料，经均匀混炼、塑制而成，它可以代替羊毛地毯和化纤地毯（图6-24）。

图 6-21 羊毛地毯

图 6-22 纯棉地毯

图6-21：羊毛地毯适用于局部铺装，高档羊毛地毯可在下部再铺装一层化纤地毯，保护羊毛地毯不受磨损。羊毛地毯挑选主要看毯面颜色，不可有变色和异色之处，染色也应均匀，不能忽浓忽淡。

图6-22：几何图案与流苏相结合，米色与灰色的组合气质娴雅，手感非常舒适，一般放置在沙发或床前。

图 6-23　化纤地毯

图 6-24　塑料地毯

图6-23：化纤地毯外观与手感类似羊毛地毯，耐磨而富弹性，具有防污、防虫蛀等特点，价格低于其他材质地毯，化纤地毯可以用作室内防滑地毯，而且当鞋子摩擦地毯后，地毯产生了静电，可以吸附鞋子上的灰尘。

图6-24：大部分塑料的抗腐蚀能力强，不与酸、碱反应，耐用，成本低，容易被制成不同形状，是良好的绝缘体，塑料地毯适用于宾馆、商场、舞台、住宅入口，起防尘防滑作用。

图6-25：采用植物纤维编织而成，有着自然气息，感觉清新凉爽，环保健康，无污染，放置在客厅或是卧室能调节室内温度。

图 6-25　草编地毯

5．草编地毯

草编地毯是利用各种柔韧草本植物为原料加工编制的地毯（图6-25）。

6.3.2　窗帘搭配

1．色彩搭配

窗帘色彩要与室内的墙面、地面、陈设物的色调相匹配。墙壁是白色或淡象牙色，家具是黄色或灰色，窗帘宜选用橙色。墙壁是浅蓝色，家具是浅黄色，窗帘宜选用白底蓝花色。墙壁是黄色或淡黄色，家具是紫色、黑色或棕色，窗帘宜选用黄色或金黄色。墙壁是淡湖绿色，家具是黄色、绿色或咖啡色，窗帘宜选用中绿色或草绿色（图6-26）。

2．面料搭配

窗帘面料主要有棉、丝、绸、尼龙、纱、塑料等。选择窗帘面料，应考虑室内空间的功能。浴室、厨房要选择实用性较强且容易洗涤的布料，风格力求简单流畅（图6-27）。

3．图案搭配

窗帘图案不宜过于琐碎，要考虑打褶后的效果。高大的房间宜选横向花纹，低矮的房间宜选用竖向花纹。客厅窗帘颜色花样应适中；儿童房的窗帘花样可选用小动物、小娃娃等图案，具有童趣；年轻人房间的窗帘花样以时尚活泼为主；老年人房间的窗帘花样以安逸为主（图6-28）。

图 6-26　色彩搭配

图 6-27　面料搭配

图 6-28　图案搭配

图6-26：深蓝色与白色相间的窗帘，与浅蓝色沙发呼应，给人静谧的感受。蓝色可以与高级灰一起营造高贵优雅的氛围。叠加色调能使空间更加迷人。

图6-27：客厅、餐厅可以选择高档、精致的面料，采用两种面料搭配组合，形成层次感。

图6-28：深沉的咖啡色格子图案非常低调含蓄，适合中老年人使用，能让人沉心静气，享受独处时的宁静淡然。

6.3.3　桌布搭配

1. 根据设计风格搭配

如果室内整体色彩单调，可以采用颜色跳跃的桌布，使人眼前一亮。田园风格适合选择格纹或小碎花图案的桌布，显得既清新而又随意。中式风格桌布体现中国元素，如青花瓷、福禄寿喜等设计图案，传统的绸缎面料，再加上一些刺绣，让人觉得赏心悦目。深蓝色提花面料的桌布含蓄高雅，很适合映衬法式乡村风格（图6-29）。

2. 根据用餐场合搭配

正式的宴会场合，要选择质感较好、垂坠感强、色彩较为素雅的桌布，显得大方。随意的聚餐场合，如家庭聚餐或小聚会，适合选择色彩与图案较活泼的印花桌布（图6-30）。

3. 根据色彩运用搭配

如果使用深色的桌布，最好搭配浅色的餐具，深色的桌布其实很能体现出餐具的质感。纯度和饱和度都很高的桌布非常吸引眼球，但有时会给人带来压抑的感觉，可以在其他位置使用同色系饰品进行呼应（图6-31）。

4. 根据餐桌形状搭配

如果是圆形餐桌，适合在底层铺带有绣花边角的大桌布，上层再铺上一块小桌布，整体搭配起来华丽而优雅（图6-32）。圆桌布的尺寸为圆桌直径加周边垂下300mm以上，例如，桌子ϕ900mm，

图 6-29　桌布风格

图 6-30　家庭餐桌桌布

图 6-31　桌布色彩搭配

图 6-32　圆桌桌布

图6-29：桌布表现出浓郁的民族风情，与之搭配的桌旗也可选择传统味十足的，这种亦庄亦谐的组合可谓相映成趣。如若是质朴的亚麻风格的桌布，那么搭配上高贵的丝绸，也能找到契合之处。

图6-30：浅色系、图案简单的桌布，是最百搭的桌布，再搭配上相称的几何图形靠枕，家庭用餐氛围瞬间变得活跃起来。

图6-31：织锦缎布料本身具有很好的色泽，让它看上去光艳华美。白色餐具中和了繁复的花纹，多了一丝简约感。

图6-32：黑白几何纹路，带来异域风情。棉麻材质打造出厚重的质感。

应当选择φ1500mm以上的桌布。铺设小方桌布时可以更换方向，将直角对着桌边的中线，让桌布下摆有三角形花样。方桌桌布选择大气的图案，不适宜用单一色彩，方桌布的尺寸一般是四周下垂150～350mm。

6.3.4　抱枕摆设

抱枕是常见的陈设品，在室内陈设设计中往往有意想不到的作用。除了材质、图案、不同缝边花式之外，抱枕有不同的摆放位置与搭配类型。

1. 对称摆设

如果将几个不同的抱枕堆叠在一起，会觉得很拥挤、凌乱。可以将抱枕对称摆放，给人整齐有序的感觉。具体摆放可以分为“1＋1”“2＋2”“3＋3”。除了数量和大小，在色彩和款式上也应该尽量选择对称的（图6-33）。

2. 不对称摆设

“N＋1”摆设是在沙发一头摆放多个抱枕，另一侧摆放1个抱枕（图6-34）。这种组合方式看起来比对称的摆放更富有变化。如果沙发是贵妃椅造型或沙发规格较小，还可以选择“N＋0”摆设（图6-35）。

3. 远大近小摆设

远大近小是指越靠近沙发中部，摆放的抱枕应越小。从视觉效果来看，离视线越远，物体看起来越小，反之，物体看起来越大。大尺寸抱枕放在沙发两侧边角处，可以解决沙发两侧坐感欠佳的问题（图6-36）。

图 6-33　对称摆设

图 6-34　“N ＋ 1”摆设

图 6-35　“N ＋ 1”摆设

图 6-36　对称摆设

图6-33：如果将几个不同的抱枕堆叠在一起，会让人觉得很拥挤，大多数人都喜欢对称放置，这样会给人感觉整齐有序。

图6-34：人们总是习惯性第一时间将目光焦点放在右边，因此可以将多个抱枕集中摆在沙发右侧。

图6-35：“1”要和“N”中的某个抱枕款式保持一致，以实现沙发的视觉平衡。

图6-36：将大抱枕放在沙发左右两端，小抱枕放在沙发中间，视觉上给人的感觉会更舒适。

4. 里大外小摆设

有的沙发座位进深比较深，抱枕常常被拿来垫背。如果是这种情况，通常需要由里至外摆放几层抱枕，布置时应遵循里大外小的原则。整个沙发区看起来不仅层次分明，而且最大限度地照顾到了沙发的舒适性（图6-37）。

图6-37：整体软装风格为东南亚风格，藤制桌椅要求其布艺也相对偏向自然风。大地色系列的条纹小枕，搭配酒红色大抱枕，层次分明，风格一致，给人满满的自然气息。

图 6-37　里大外小摆设

6.4　绿化陈设设计

室内绿化陈设设计主要包括盆栽、山石、水体等，植物、山石、水体相辅相成、相互影响，共同丰富室内环境（图6-38）。

6.4.1　绿化容器搭配

1. 容器色彩

绿化容器的颜色是最直观的。中性色如黑、白、灰、金、银等可以与任何颜色花卉绿化搭配。淡雅的氛围不宜选择鲜艳的容器，但鲜艳的容器可以产生膨胀的视觉效果。应当结合室内软装颜色，尝试邻近色搭配法，如红色和橘色，同类色如草绿和橄榄绿，互补色如黄色和紫色，能带给人完全不同的视觉表达（图6-39）。

2. 容器尺寸

如果摆放在有一定高度的桌子上，如茶几、餐桌上，应选择高度约为200mm的容器。因为从容器口开始往上计算，绿植的高度大约为容器高度2倍，以180mm高的容器计算，绿植陈设的整体高度约为400mm（图6-40）。

6.4.2　绿化布置

1. 空间格局

绿植在不同空间内会表现出不同的装饰效果，例如，在卫生间内摆放绿植作品，能让人眼前一亮，但应尽量选择简洁淡雅的绿植作品（图6-41）。

2. 感官效果

绿化布置选择还需要充分考虑人的感官和需要，尤其是在餐厅等场所，适合选择淡雅的花材，能使人感觉心情舒畅，有助于放松精神，缓解疲劳，提升就餐的兴趣（图6-42）。

（a）绿植铺陈

（b）绿墙

图 6-38　室内绿植

图6-38（a）：室内绿植能直接影响人在室内空间中的感官体验与心理感受，能让人得到艺术和精神上的享受，同时它也能美化调节室内环境氛围。

图6-38（b）：绿墙设计表现出强烈的生态感，多采用热带阔叶植物装饰，室内多会使用仿真植物。

图 6-39　容器色彩搭配

图 6-40　容器尺寸

图6-39：家具饰品表现出典型的新中式风格，此时搭配的盆栽容器一定要素雅，不可影响整体静谧的氛围。浅蓝色与褐色结合的陶瓷花盆，完美融入氛围中，中式插花被衬托得更加优美。

图6-40：花器与花卉组成的总体高度大约为400mm，花卉的枝干较松散，可将其摆放在餐桌旁。

3. 空间风格

绿植搭配以东方风格为主，绿植与家具之间要形成互动，并追求意境。绿植倾向淡雅的颜色，以单株欣赏为主，枝叶呈自然形态，有修剪，但不显得刻意设计（图6-43）。

4. 采光方式

从上方直射下来的光线会使绿植显得比较呆板，侧光会使绿植显得紧凑浓密，并且会由于光照角度不同而形成明暗不同的对比度。如果光线完全从绿植下方照射，会使绿植呈现出飘浮感和神秘感。在聚光灯照射下，绿植会产生更生动独特的魅力（图6-44）。

图 6-42　餐桌绿植感官效果

图 6-41　卫生间绿植

图 6-43　中式绿植

图 6-44　室内绿植

图6-41：在卫生间摆放绿植花艺，能够给人舒适的感受，因为此处接触水比较多，所以可以选择玻璃瓶等容器。

图6-42：薰衣草与柳条在餐桌上的混搭别有一番韵味，薰衣草带着一丝淡淡的香味，柳条则婀娜多姿，两者为餐桌增添了吸引力。

图6-43：中式风格绿植注重写意感和形式美，如山水画般，若隐若现，搭配新中式风格室内能起到非常大的渲染作用。

图6-44：异形吊灯参差悬挂在屋顶，三色灯光洒落在餐桌干花上，营造出温馨的氛围。

6.5 案例解析：办公空间绿化设计

该企业选择了有充足绿化的写字楼作为办公地点，室内外空间的融合十分自然。写字楼设有宽敞的窗户，确保与周围环境产生良好的沟通。

设计师将“城市丛林”作为了设计创意点。在空间布局上，室内丰富的绿植与周围绿化区和谐地融为一体。绿化设计通过不同色调的绿植来完成。在确定绿化布局时，特别考虑到光线因素，室内还设有自动灌溉系统，能够确保植物的健康品质（图6-45）。

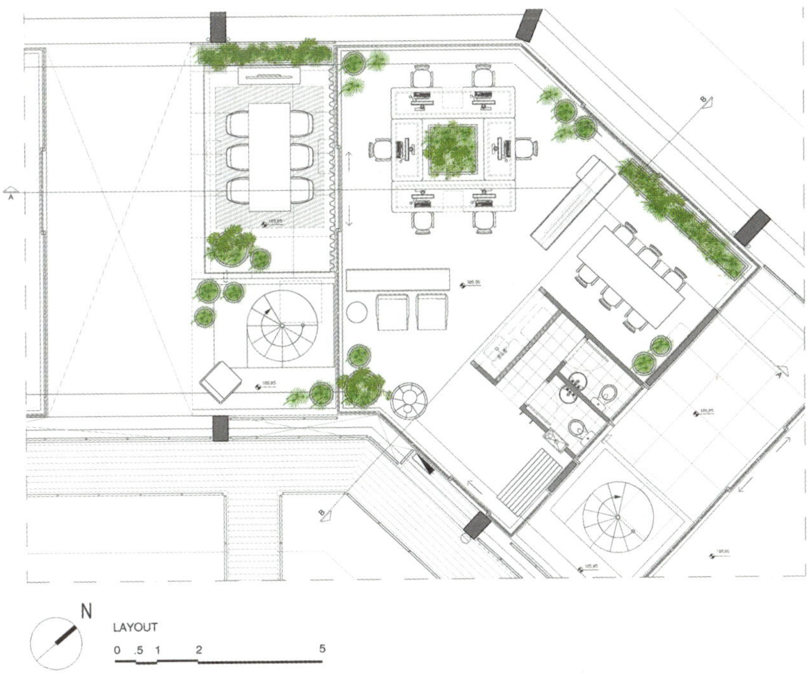

（a）办公空间平面图

（b）办公空间内部

（c）顶面处理

图 6-45 办公空间绿化设计

图6-45（a）：办公空间强调绿化设计元素，将绿化设计通过彩色表现出来，可为后期设计变更和施工提供参考。

图6-45（b）：办公空间内部设计注重氛围营造，同时也利用灯光、家具、绿植等来丰富工作环境，以便能缓解员工焦躁的工作情绪。

图6-45（c）：该建筑现有地面、墙体、顶面几乎不设任何额外装饰覆层，将地面、墙体、顶面处理为同一种颜色，这样也能突出室内丰富的植物。

（d）绿色管道

（e）会议室内部绿植

（f）会议室窗内外绿植

图 6-45 办公空间绿化设计（续）

图6-45（d）：室内的管道被漆成了绿色，能够为整个空间增添不少的柔软感，绿色管道与室内绿植相互呼应。

图6-45（e）：会议室的色彩以单色为主，窗边设有少量的绿植，既不会遮挡阳光，同时也可作为装饰存在，室内灯光主要以冷白色为主，宜于日常的交流。

图6-45（f）：会议室充分利用大面积落地玻璃窗，将室外绿化景色引至室内，室外绿化景观与室内绿植相呼应，形成近、远景组合搭配和层次丰富的视觉效果。

本章小结

室内设计与陈设设计两者是完全结合的，好的室内设计需要有好的陈设设计，不好的室内空间可以通过陈设设计来弥补。在室内环境中，陈设品是表达精神功能的媒介，它不仅能加强室内空间效果，还能强化室内环境的性格和意志，表达一定的思想内涵和精神文化，对室内空间形象塑造、气氛表达和环境渲染起到画龙点睛的作用。

课后练习

1. 什么是陈设品?

2. 室内陈设的目的是什么? 有什么作用?

3. 陈设品分为哪几类?

4. 如何对室内陈设品进行选择?

5. 进行室内陈设品布置时应该遵循哪些原则?

6. 室内绿化的作用是什么?

7. 室内绿化有何设计原则?

8. 中国传统建筑室内有哪些陈设品? 列举5件，说明这些物件反映出哪些传统文化思想。

9. 参观政府办公大楼、机场、高铁站等代表国家形象的建筑室内空间，观察这些空间的室内绿化植物有哪些品种，可以通过手机百度拍照识别功能来认识这些绿化植物，分析这些绿化植物传达出的寓意，它们是如何代表地方和国家形象的?

第7章

室内设计制图与表现

识读难度：★☆☆☆☆
重点概念：制图规范、表现技法

章节导读

设计图纸是指导现场施工人员进行工作的依据。设计图纸要保证设计的精准度与装饰效果，符合国家制图标准的规定，结合实际情况进行设计表现（图 7-1）。本章列出完整的设计图纸，结合国家制图标准，详细介绍室内设计制图与表现方法。

图7-1：室内设计制图的目的是建造实物形体构造，在图纸的基础上还需要创建三维模型，提升图纸的表现力，二维图纸与三维模型并用形成多位一体的表现形式，满足室内设计最终实施需要。

图 7-1　室内设计制图

7.1　室内设计制图规范

根据我国《房屋建筑制图统一标准（GB/T 50001-2017）》中的规定，本节详细介绍室内设计制图中适用的规范。

7.1.1 图幅与标题栏

1. 图幅

图幅是指图面的大小，可以依据图面长、宽尺寸来确定图幅的等级。室内设计常用的图幅有A0（也称0号图幅，依此类推）、A1、A2、A3、A4，每种图幅的长宽尺寸如表7-1所示，表中的尺寸代号意义见图7-2所示。

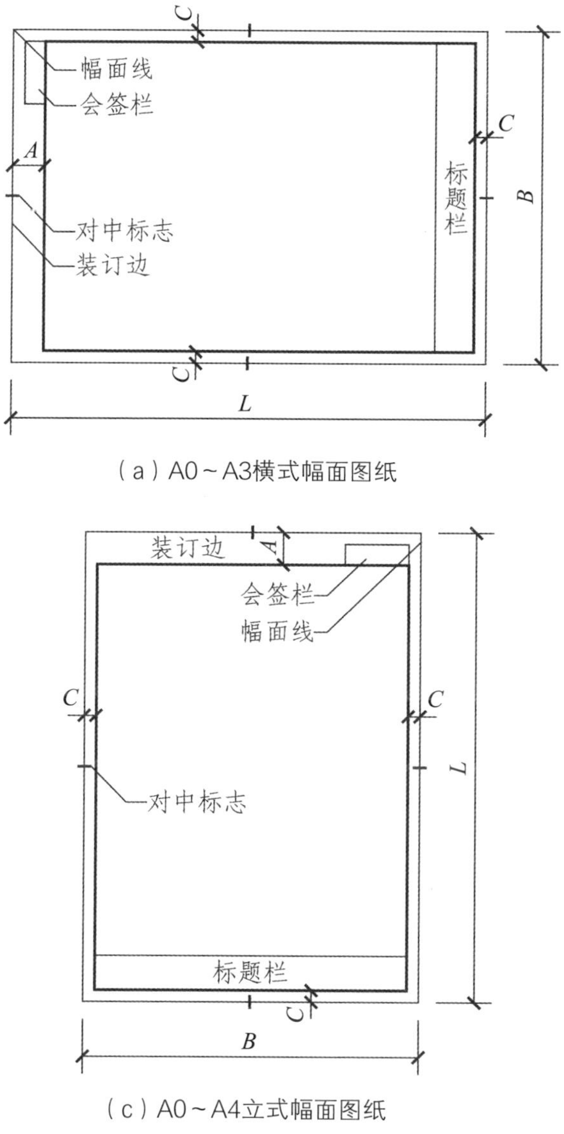

图7-2 图幅格式

表 7-1　　图幅标准　　（单位：mm）

尺寸代号	图幅代号				
	A0	A1	A2	A3	A4
$B \times L$	841×1189	594×841	420×594	297×420	210×297
C	10			5	
A	25				

2. 标题栏

标题栏是指图纸的图标栏，包括设计单位名称、工程名称、签字区、图名区、图号区等内容。如今不少设计单位会采用自己个性化的图标格式，但是仍必须包括这几项内容（图7-3）。

7.1.2　线型

室内设计图纸主要由各种线条构成，不同的线型表示不同的设计对象和设计部位，线条粗细不同，所代表着的含义也不同。为了图面能够清晰、准确、美观地表达设计思想，在工程实践中会采用一套常用的线型，并规定它们的使用范围，常用线型如表7-2所示。

7.1.3　尺寸标注

在对室内设计图纸进行具体的标注时，还需遵循以下标注原则。

图样上的尺寸组成包括尺寸界线、尺寸线、尺寸起止符号和尺寸数字（图7-4）。尺寸界线应用细实线绘制，一般应与被注长度垂直，其一端应离开图样轮廓线不小于2mm，另一端宜超出尺寸线2～3mm。

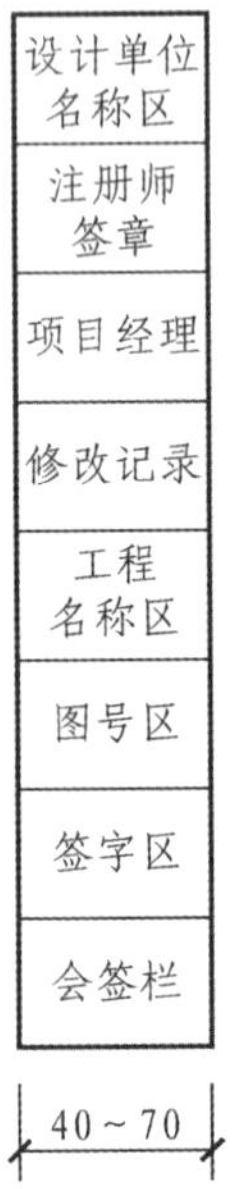

（a）立式标题栏

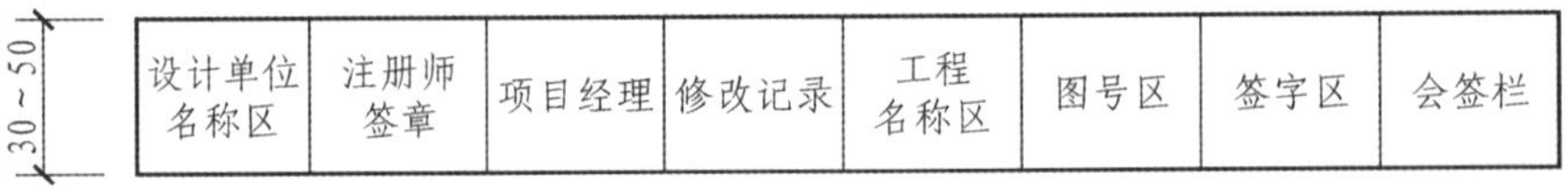

（b）横式标题栏

图 7-3　标题栏（单位：mm）

表 7-2　　　　常用线型

名称		线型	线宽	适用范围
实线	粗		*b*	平面图、剖面图、构造详图的被剖切截面的轮廓线，立面图外轮廓线，图框线
	中		0.5*b*	设计图中被剖切的次要构件轮廓线，室内平面图、顶棚图、立面图、家具三视图中构配件的轮廓线等
	细		≤0.25*b*	尺寸线、图例线、索引符号、地面材料线等其他用线
虚线	中		0.5*b*	构造详图中不可见的实物轮廓
	细		≤0.25*b*	其他不可见的次要实物轮廓线
点划线	细		≤0.25*b*	轴线、构配件的中心线、对称线等
折断线	细		≤0.25*b*	画图样时的断开界限
波浪线	细		≤0.25*b*	构造层次的断开界线，有时也表示省略画出时的断开界限

注：标准实线宽度 *b*=0.5～1.0mm，根据图纸幅面大小与打印设备精度确定。

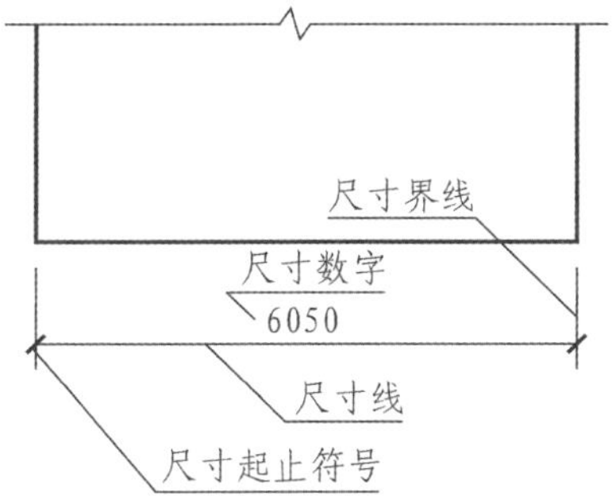

图 7-4　尺寸的组成

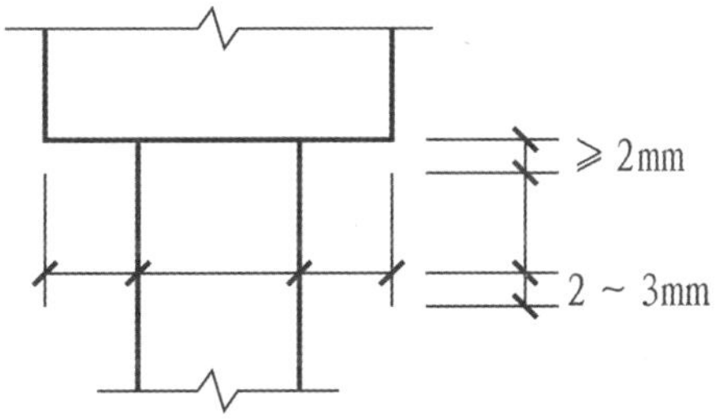

图 7-5　尺寸界线

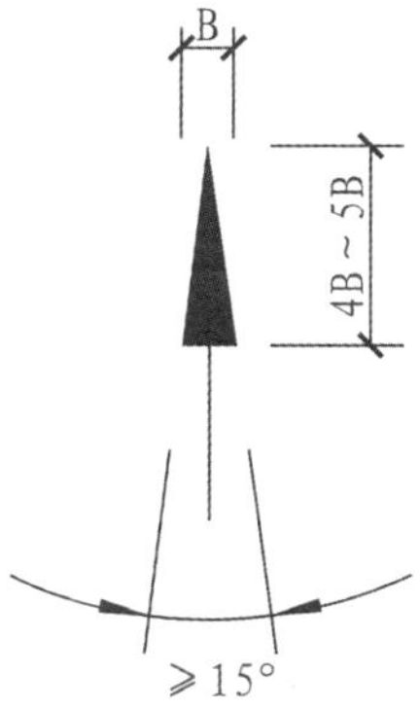

图 7-6　箭头尺寸起止符号

图样轮廓线亦可用作尺寸界线（图7-5）。尺寸线应用细实线绘制，应与被注长度平行。图样本身的任何图线均不得用作尺寸线。

尺寸起止符号一般用中粗斜短线绘制，其倾斜方向应与尺寸界线成顺时针45°，长度宜为2～3mm。半径、直径、角度和弧长的尺寸起止符号，宜用箭头表示（图7-6）。

图样上的尺寸应以尺寸数字为准，不得从图上直接量取。图样上的尺寸单位，除标高及总平面以米（m）为单位外，均以毫米（mm）为单位。尺寸数字的方向，按图7-7（a）规定注写。若尺寸数字在30° 斜线区内，宜按图7-7（b）的形式注写。

尺寸数字一般应依据其方向注写在靠近尺寸线的上方中部。若没有足够的注写位置，最外边的尺寸数字可注写在尺寸界线的外侧，中间相邻的尺寸数字可错开注写（图7-8）。

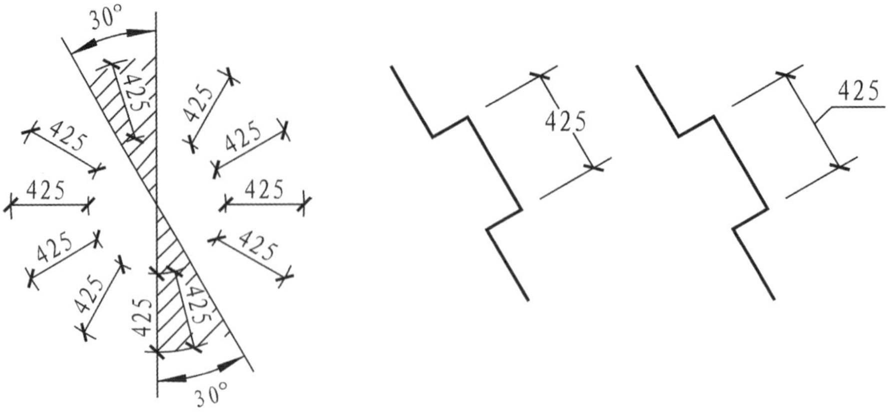

（a）多角度注写　　（b）倾斜角度数字注写

图 7-7　尺寸数字的注写方向

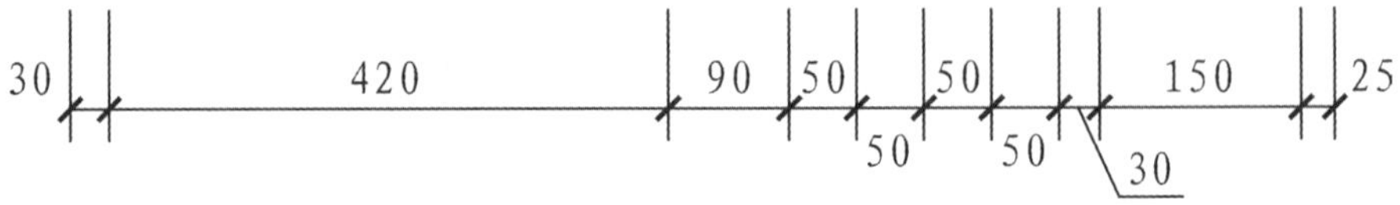

图 7-8　尺寸数字的注写位置

7.1.4　文字说明

在设计图纸中无法用图线表明设计意图时，可以用文字进行补充说明，如材料名称、构配件名称、构造做法、统计表及图名等。文字说明是图样内容的重要组成部分，文字标注中的字体、字的大小、字体字号搭配等方面要符合制图规范。

（1）文字说明要求字体端正，排列整齐，清晰准确，美观大方，且必须避免过于个性化的文字标注。

（2）字体标注推荐采用仿宋字，标题可用楷体、隶书或黑体字等，具体示例如下：

仿宋：室内设计（小四）室内设计（四号）室内设计（二号）

黑体：室内设计（四号）室内设计（小二）

楷体：室内设计（四号）室内设计（二号）

隶书：室内设计（三号）室内设计（一号）

字母、数字、符号为罗马体：*0123abcdefghijk%@*（四号）或 *0123abcdefghijk%@*（二号）

（3）字的大小高度要适中，且同一类型的文字需采用同一大小的字，一般较大的字可用于书写较概括性的说明内容，较小的字则可用于书写较细致的说明内容。

（4）字体及大小的搭配能表现出一定的层次感。

室内设计图作为装饰施工的指导和依据，必须做到准确到位，设计师应当不断提高自己的理解水平，树立设计权威。为了将创意方案转换为设计图纸，设计师应当思考在设计图中把握好各种尺度，以较低的绘图成本达到较高的艺术效果，满足方案创意需要。

7.2 室内设计制图内容

室内设计图纸主要包括平面图、顶面图、水电图、立面图、构造详图、透视效果图。

7.2.1 平面图

平面图是在距地面高度1.5m的位置对室内空间进行水平剖切，剖切后将上半部分构造去除，从而形成从上向下观测的投影图。室内平面图主要包括原始平面图、改造平面图（墙体拆除、改造）、平面布置图等（图7-9）。这些室内平面图主要包含以下内容。

（1）室内布局。包括墙体、隔断、门窗、空间大小、布局形态、家具陈设、交通路线、绿化等。

（2）材料标示。如果不单独绘制地面材料铺装图，应当在平面图中简要绘制地面铺装构造并标示地面材料。

（3）尺寸标注。标注室内各空间的尺寸、家具陈设尺寸、布局尺寸，对于大型复杂的公共建筑，则应当标注轴线编号。

（4）细节标示。图纸中要注明地面材料名称与规格；注明房间名称、家具名称；注明室内地面标高；注明详图索引符号、图例、立面内视符号；注明图名和比例。部分需要辅助文字说明的平面图，还需注明文字说明和统计表格等。

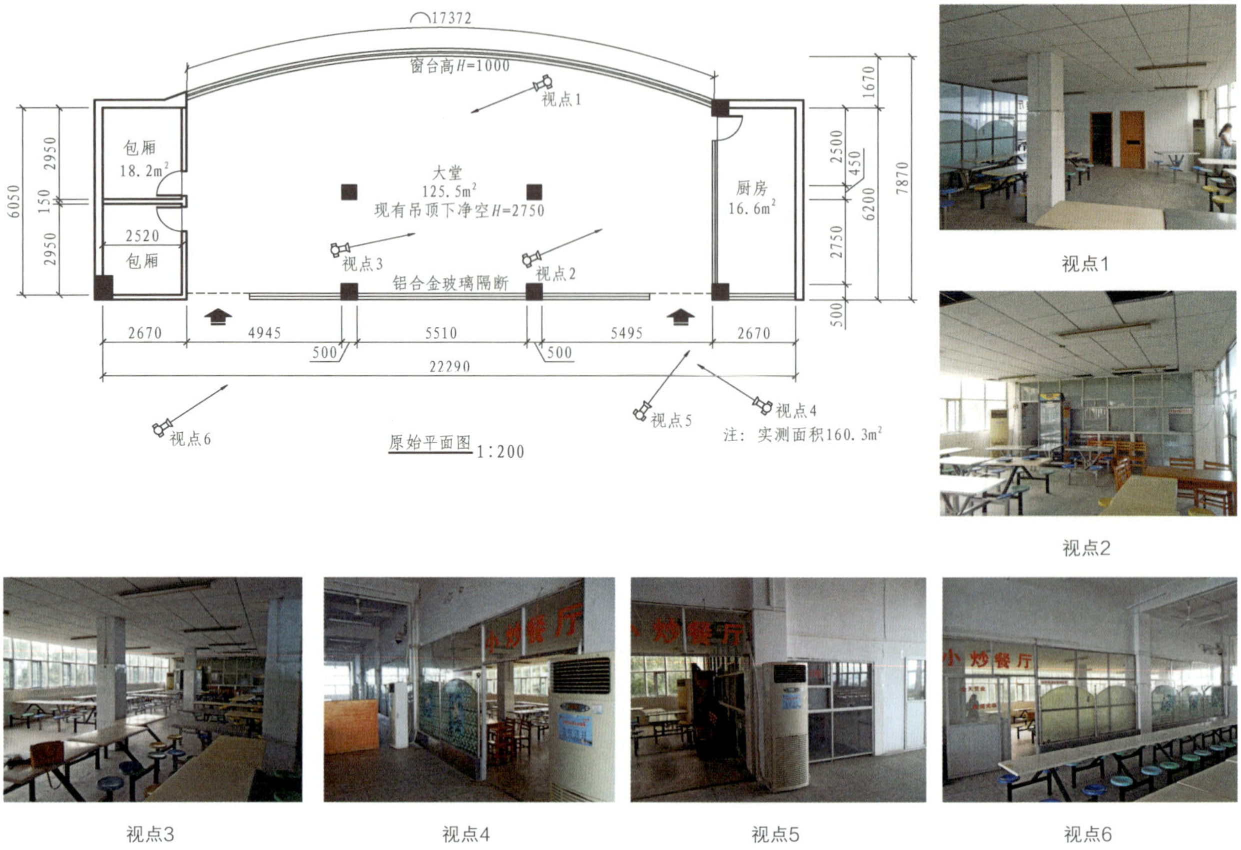

（a）原始平面图与实景拍摄

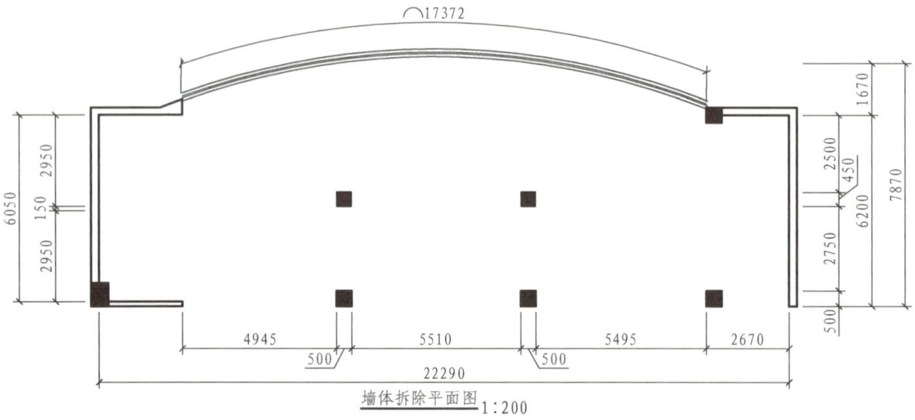

（b）墙体拆除平面图

图 7-9　平面图

图7-9（a）：这是一家普通餐厅，现在要求通过重新设计，将其改造为咖啡厅。对原餐厅进行精确测量后绘制出构造布局，标注出拍摄照片的视点，对照片进行分析，为后期设计奠定基础。

图7-9（b）：对现有室内墙体全部拆除，预留出空间，这张图可以打印后作为草图底稿使用，即在图上绘制创意方案，供创意设计、修改。

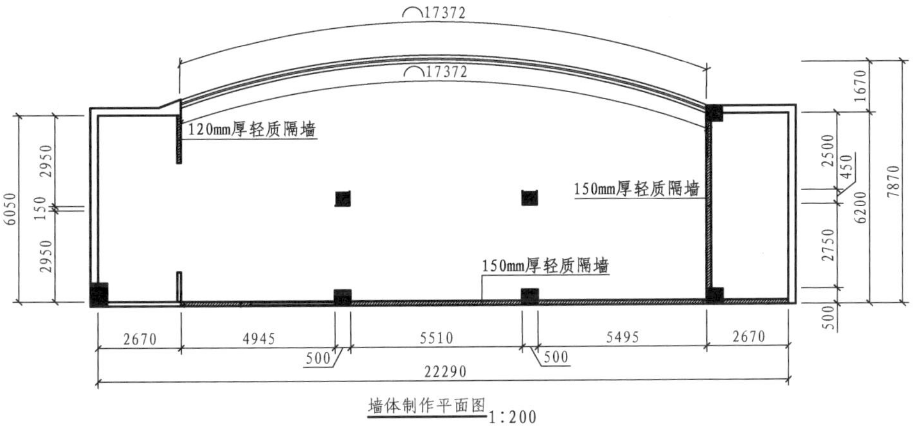

（c）墙体制作平面图

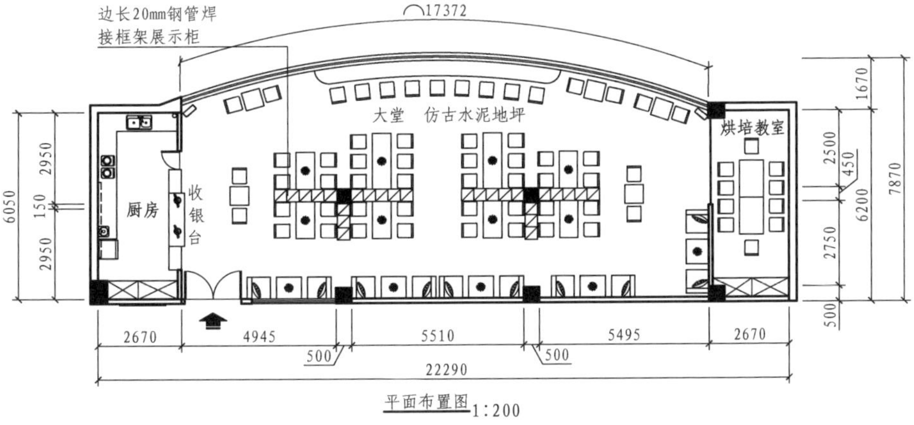

（d）平面布置图

图 7-9 平面图（续）

图7-9（c）：根据设计要求绘制详细的室内隔墙，对空间进行划分，同时标注隔墙规格与材料。

图7-9（d）：平面布置图中主要绘制空间功能分区、家具与构造形态，表现出空间组合形式、家具摆放位置，预留各种走道。平面布置图是平面图的代表，是对室内设计方案的完整表现。

7.2.2 顶面图

顶面图是根据顶棚水平投影绘制而成（图7-10），顶面图主要包含以下内容。

（1）顶面造型、材料说明。

（2）顶面灯具和电器的图例、名称、规格等说明。

（3）顶面造型尺寸标注，灯具、电器的安装位置标注。

（4）顶面标高。

（5）部分文字说明等。

图7-10：顶面图在绘制时要标明不同灯具的安装间隔和安装数量，标注详细标高与材料信息。

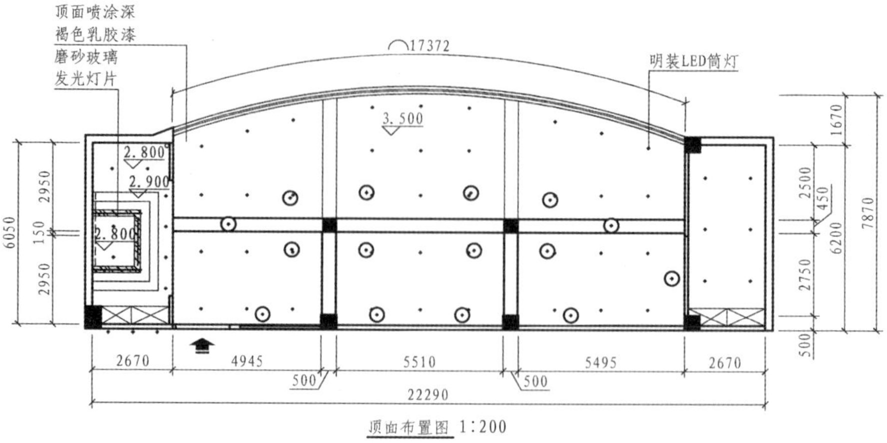

图 7-10　顶面布置图

7.2.3　电路图与水路图

电路图与水路图属于技术图纸，是根据平面图绘制而成，要求表现电线、水管的走向布局，用于水电施工参考（图7-11）。室内顶面图主要包含以下内容。

（1）电线、水管的走向布置。

（2）开关、插座、水阀等设备的位置与数据标识。

（3）根据需要绘制电路、水路的系统关系等。

7.2.4　立面图

立面图是室内墙面垂直树立状态下的正投影图（图7-12）。室内立面图主要包括以下内容。

（1）表现墙面造型、材质、门窗、家具陈设构造形态。

（2）标明立面各组成部分尺寸与地坪吊顶标高。

（3）注明材料名称及细部的做法。

（4）注明详图索引符号、图名、比例等。

7.2.5　构造详图

为了清晰表达个别设计内容和设计细部，多会以局部放大构造的方式来表达设计局部细节，这就是构造详图（图7-13）。构造详图主要包含以下几个内容。

（1）以剖面图的形式绘制出各材料断面、构配件断面构造。

（2）绘制出剖视方向上看到的部位轮廓及相互关系。

（3）标出材料断面填充图样。

（4）用指引线标出构造层次的材料名称与工艺做法。

（5）标注各部分尺寸。

（6）标注详图编号和比例。

7.2.6　透视图

透视图是根据透视原理绘制出能够清楚反映三维空间的效果图，能直观表达设计形态构造、色彩材质、灯光照明等全面信息（图7-14）。

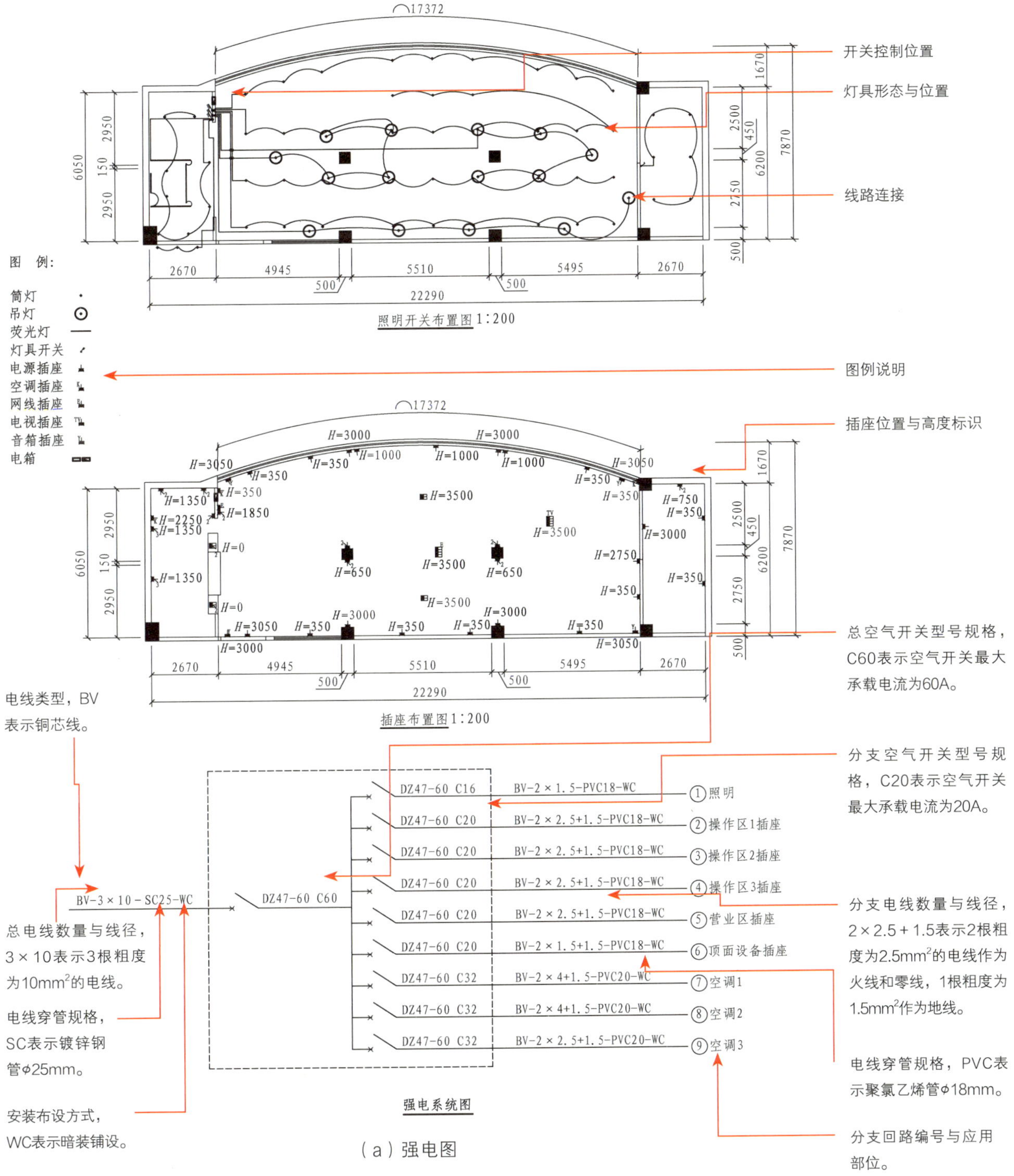

（a）强电图

图 7-11　电路图与水路图

图7-11（b）：不同室内设计空间中的弱电设计内容不同，这个设计方案中的弱电项目主要为安防与音响设备，设计好摄像头与音响位置后，用线将其集中连接管理设备处。

图7-11（c）：水管由室外引入，经过管道布局后延伸至用水部位。

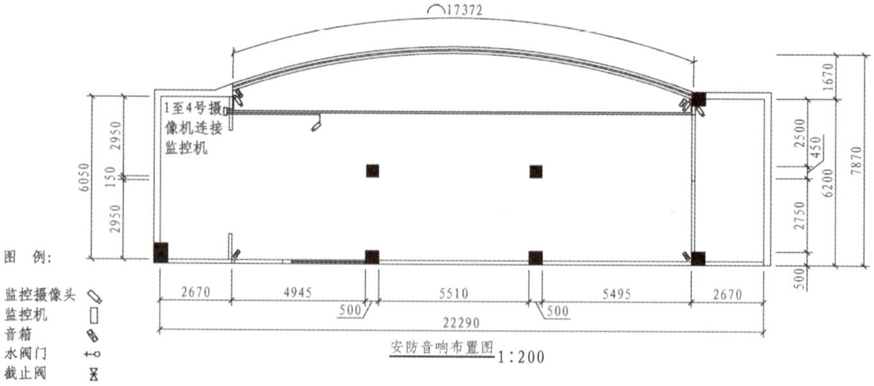

（b）安防音响布置图

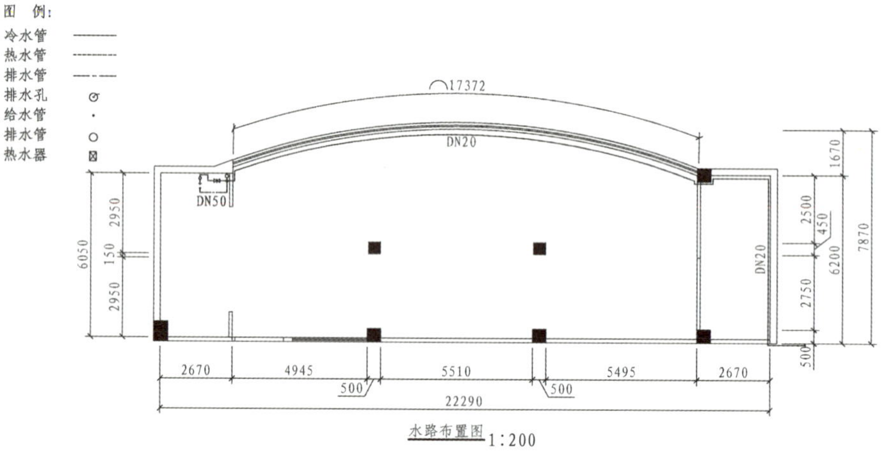

（c）水路布置图

图 7-11　电路图与水路图（续）

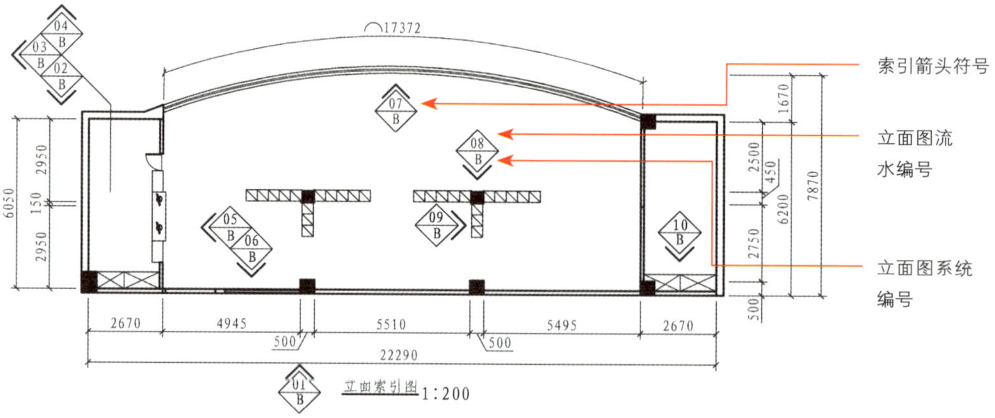

（a）立面索引图

图 7-12　立面图

图7-12（a）：立面索引图是立面图的基础，在平面图的基础上移除活动家具后，对需要设计的固定构造依次编号标注，与立面图编号对应。

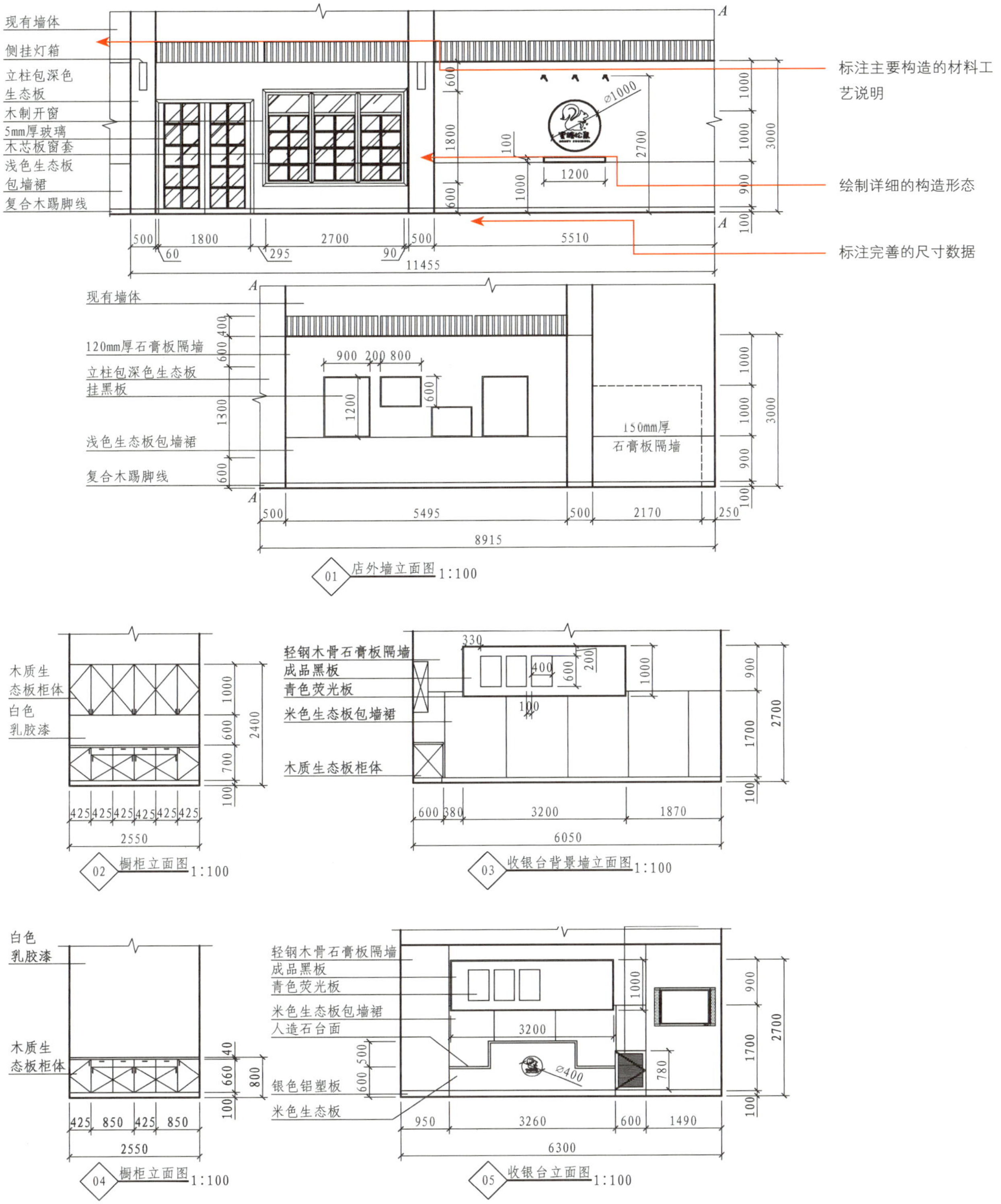

（b）01～05立面图

图 7-12　立面图（续）

图7-12（b）：立面图是室内设计的详细构造表现，细致深入程度与设计内容相关，在大多数情况下，常规室内设计制图到这一步就结束了。对于复杂构造还需要绘制构造详图。

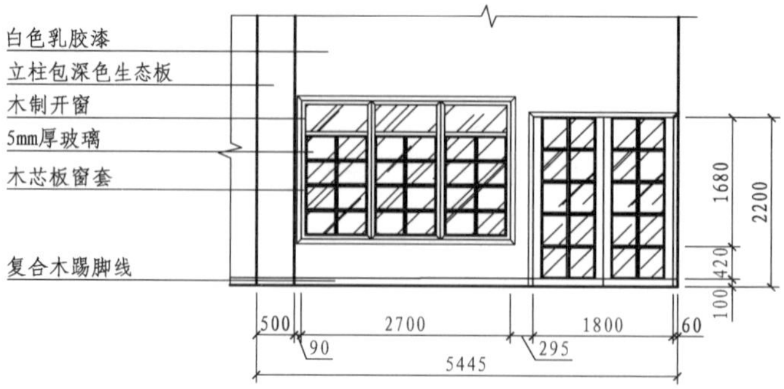

06 店内门窗立面图 1:100

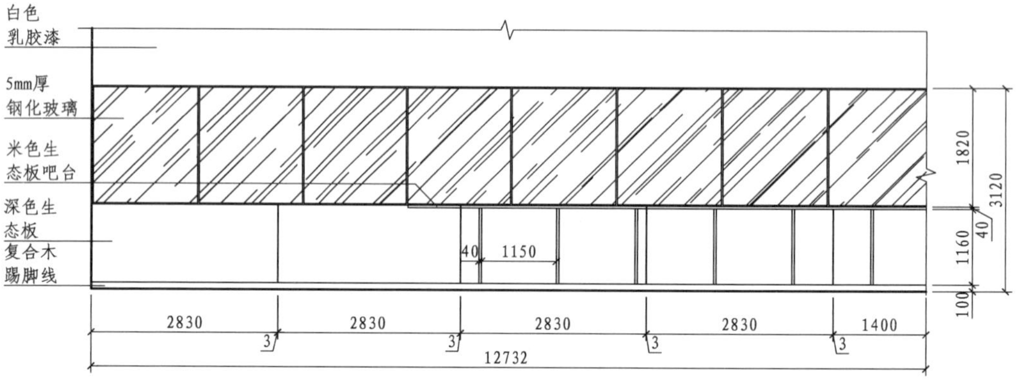

07 店内门窗立面图 1:100

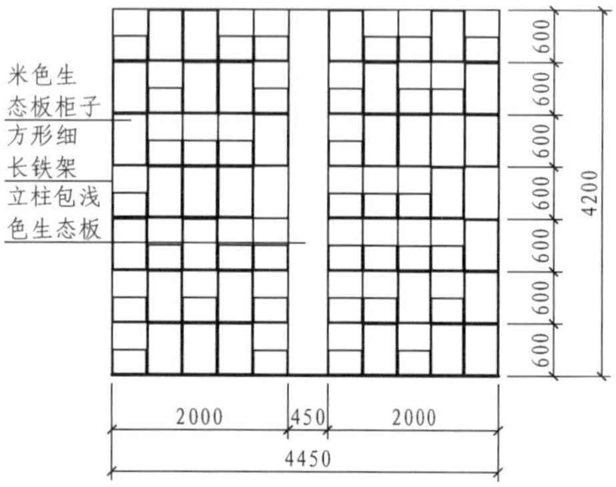

08 展示架立面图 1:100

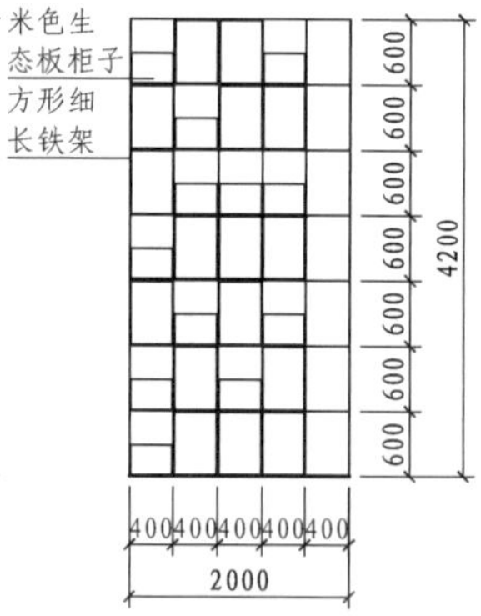

09 展示架立面图 1:100

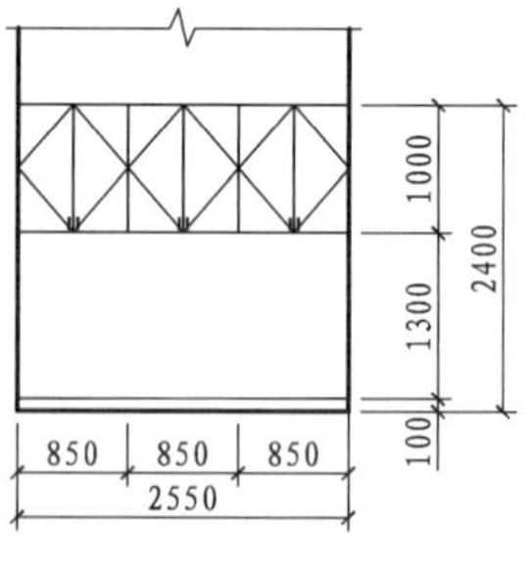

10 储物柜立面图 1:100

（c）06～10立面图

图 7-12 立面图（续）

图7-12（c）：立面图是室内设计的详细构造表现，细致深入程度与设计内容相关，在大多数情况下，常规室内设计制图到这一步就结束了。对于复杂构造还需要绘制构造详图。

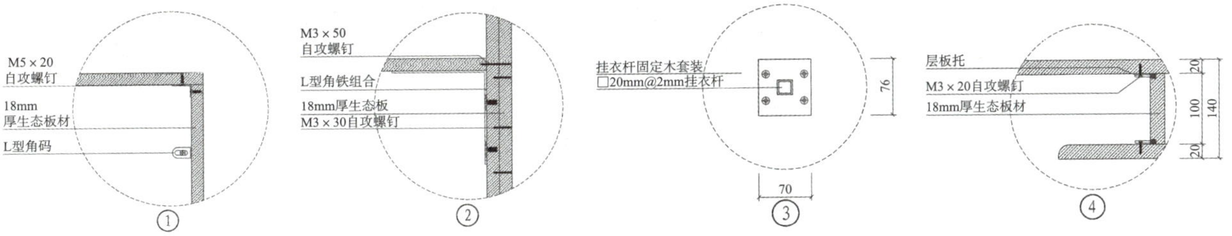

图 7-13　构造详图

图7-13：将立面图中的主要构造局部，以剖切、放大的形式绘制出来，标明材料与工艺做法，部分结构根据需要标注尺寸。

（a）场景全貌　　（b）展示隔断　　（c）前台

图 7-14　透视图

图7-14：透视图可通过人工或用计算机绘制，这种图纸能够比较直观地表达出设计思想和视觉效果，故也称作效果图或表现图，这是完整的设计方案中不可缺少的一部分。

7.3　案例解析：公寓设计

设计面积非常小的公寓具有较大难度，需要设计师充分利用每一平方米面积，即使最小型公寓户型也要打造宜人的居住环境，下面彻底重新构思这间只有35m^{2}的老公寓。为了最大化地利用空间，现在移除了室内所有墙面和空间中封闭的辅助功能，将卫生间安排在入口区域，剩余功能区置于宽敞的主空间中，主空间包括厨房、餐厅、客厅、卧室等多重功能。

为了避免空间秩序混乱和不同功能区之间相互干扰，现在创造了一套可移动变化的家具体系，室内大部分物件都能被隐藏起来。设计的最终目标是塑造一个功能齐全的公寓，设计师通过关闭、隐藏部分门，使空间能进行转变。为了方便运用杂乱的橱柜，在家具构造上设计了特殊开启的滑动门，使公寓的主要功能区能相互分离，可关闭厨房门或将床隐藏起来，形成宽敞、舒适的起居空间（图7-15）。

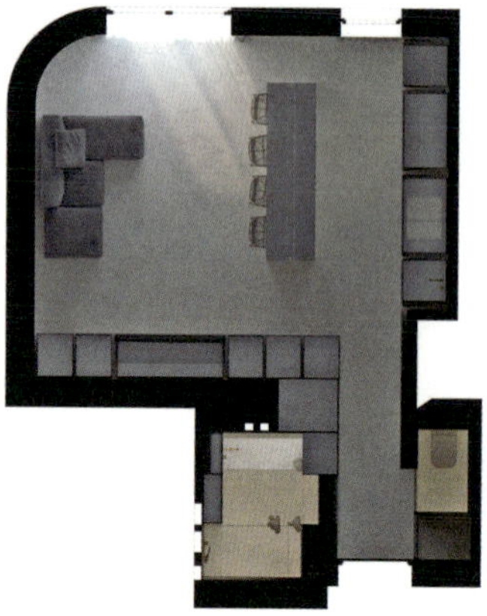

（a）彩色平面图

（b）彩色立面图

（c）室内布局

（d）装饰绿植

（e）室内光照

（f）可隐藏床

图 7-15　公寓设计

图7-15（a）：彩色平面图是今后室内设计的主要发展方向，在一定程度上取代了透视效果图，绘制彩色平面图的效率较高，注入光影关系、材质、色彩变化即可直观表达设计效果。

图7-15（b）：彩色立面图在很大程度上能直接表现出设计构造，是彩色平面图的延伸与拓展。

图7-15（c）：灰色系与白色系的对比能够在视觉上增大空间面积，金属类家具也能与墙面其他装饰材料完美搭配在一起。

图7-15（d）：少量的绿植悬空挂置烘托室内环境，既能作为装饰存在，也能净化室内的空气。

图7-15（e）：轻纱窗帘起到保护隐私的作用，同时对光照也不会有太大影响，这样明亮的室内环境也能使空间更显宽敞。

图7-15（f）：隐藏起来的床可以增强室内空间的实用性，同时也能使空间内的功能分区更有层次感和整洁感。

本章小结

在实际设计工作中，设计师需要参与工程实践，收集并阅读资料，对自己的设计作品不断反思，在学习国内外优秀设计作品的同时，针对自己的不足，迅速改变并提高设计水准。认识施工图纸的重要性，把握施工图纸的各项要求，领会设计意图，才能使设计作品达到较高的艺术效果。

课后练习

1. 制图中要遵循哪些线型要求?
2. 一套室内设计图包括哪些内容?
3. 室内平面图具体包括哪些内容?
4. 构造详图具体包括哪些内容?
5. 有哪些表现形式可以有效地表现室内设计方案的内容?
6. 查阅我国《房屋建筑制图统一标准（GB/T 50001-2017）》与世界其他国家的制图规范文件，比较异同，指出我国标准的优势。

参考文献

REFERENCES

［1］ 刘盛璜．人体工程学与室内设计［M］．北京：中国建筑工业出版社，2004.

［2］ 李书青．室内设计基础［M］．北京：北京大学出版社，2009.

［3］ 王鑫，杨西文，杨卫波．人体工程学［M］．北京：中国青年出版社，2013.

［4］ 丁玉兰．人体工程学［M］．北京：北京理工大学出版社，2005.

［5］ 丁沃沃，刘铨．建筑设计基础［M］．北京：中国建筑工业出版社，2014.

［6］ 戴昆．室内色彩设计学习［M］．北京：中国建筑工业出版社，2014.

［7］ 钱芳兵，刘媛．家具设计［M］．北京：中国水利水电出版社，2012.

［8］ 李健华，于鹏．室内照明设计［M］．北京：中国建材工业出版社，2010.